MANUEL

DES

CONSTRUCTIONS MÉTALLIQUE

ET MÉCANIQUES

OUVRAGE CONTENANT

LE RAPPEL DES FORMULES CLASSIQUES. — LES CONDITIONS D'ESSAI, DE RÉSISTANCE, DE RÉCEPTION
DES MÉTAUX ACTUELS ET DES ORGANES, TELS QUE :
CABLES MÉTALLIQUES — DE SUSPENSION — DE TRANSPORTS AÉRIENS — D'EXTRACTION — ET DE TRANSMISSI
CORDAGES — CHAINES — BARRES A ŒIL — RIVURES — COLONNES, ETC.
LA ROUTINE DES MÉTHODES GRAPHIQUES ET ANALYTIQUES
APPLIQUÉES AUX POUTRES DROITES DES PONTS, ETC., AUX CHARPENTES ET AUX ARCS

PAR

Jacques BUCHETTI

INGÉNIEUR E. C. P. — ARTS ET MÉTIERS
MEMBRE DE LA SOCIÉTÉ DES INGÉNIEURS CIVILS

ATLAS

PARIS

CHEZ L'AUTEUR

11, RUE GUY-PATIN, 11

1888

(TOUS DROITS RÉSERVÉS)

MANUEL

DES

CONSTRUCTIONS MÉTALLIQUES

ET MÉCANIQUES

ANGERS, IMPRIMERIE BURDIN ET Cⁱᵉ, 4, RUE GARNIER

MANUEL

DES

CONSTRUCTIONS MÉTALLIQUES

ET MÉCANIQUES

OUVRAGE CONTENANT

LE RAPPEL DES FORMULES CLASSIQUES. — LES CONDITIONS D'ESSAI, DE RÉSISTANCE, DE RÉCEPTION
DES MÉTAUX ACTUELS ET DES ORGANES, TELS QUE :
CABLES MÉTALLIQUES — DE SUSPENSION — DE TRANSPORTS AÉRIENS — D'EXTRACTION — ET DE TRANSMISSIONS
CORDAGES — CHAINES — BARRES A ŒIL — RIVURES — COLONNES, ETC.
LA ROUTINE DES MÉTHODES GRAPHIQUES ET ANALYTIQUES
APPLIQUÉES AUX POUTRES DROITES DES PONTS, ETC., AUX CHARPENTES ET AUX ARCS

PAR

Jacques BUCHETTI

INGÉNIEUR E. C. P. — ARTS ET MÉTIERS
MEMBRE DE LA SOCIÉTÉ DES INGÉNIEURS CIVILS

ATLAS

LARGEUR 114.60

PARIS

CHEZ L'AUTEUR

11, RUE GUY-PATIN, 11

1888

(TOUS DROITS RÉSERVÉS)

Poutr

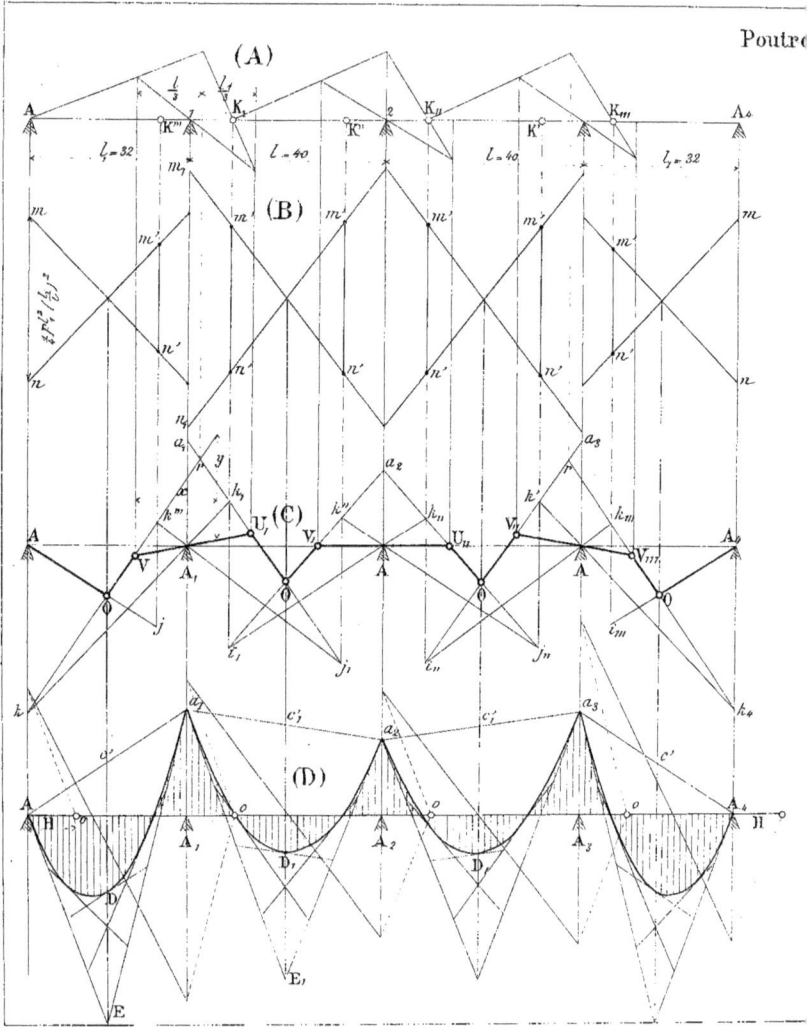

Pl II.

ntinue.

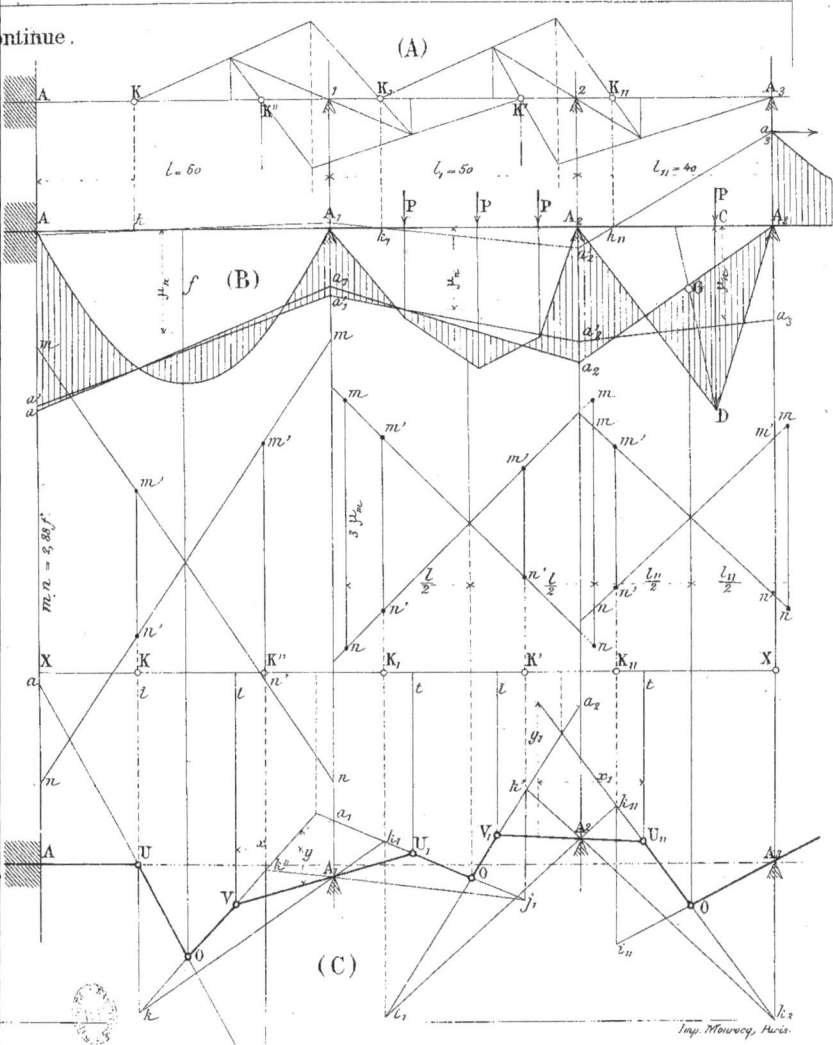

(A)

(B)

(C)

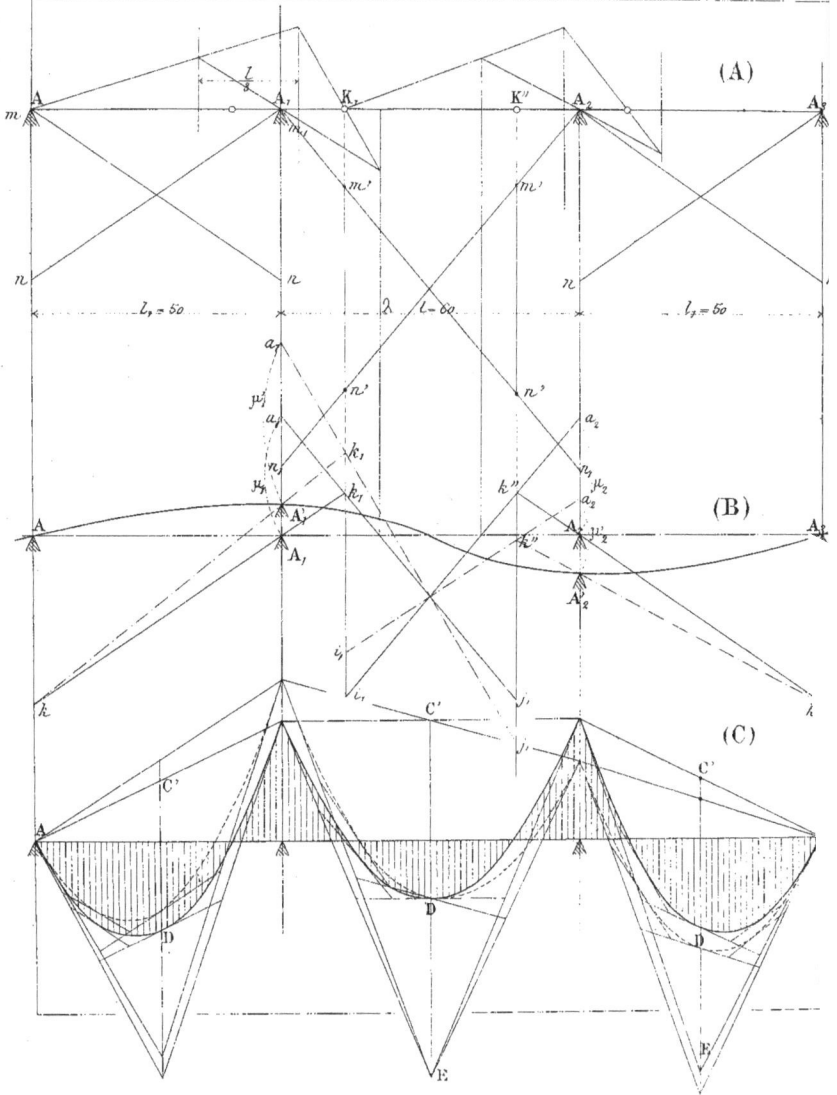

(A)

(B)

(C)

Pl **IV.**

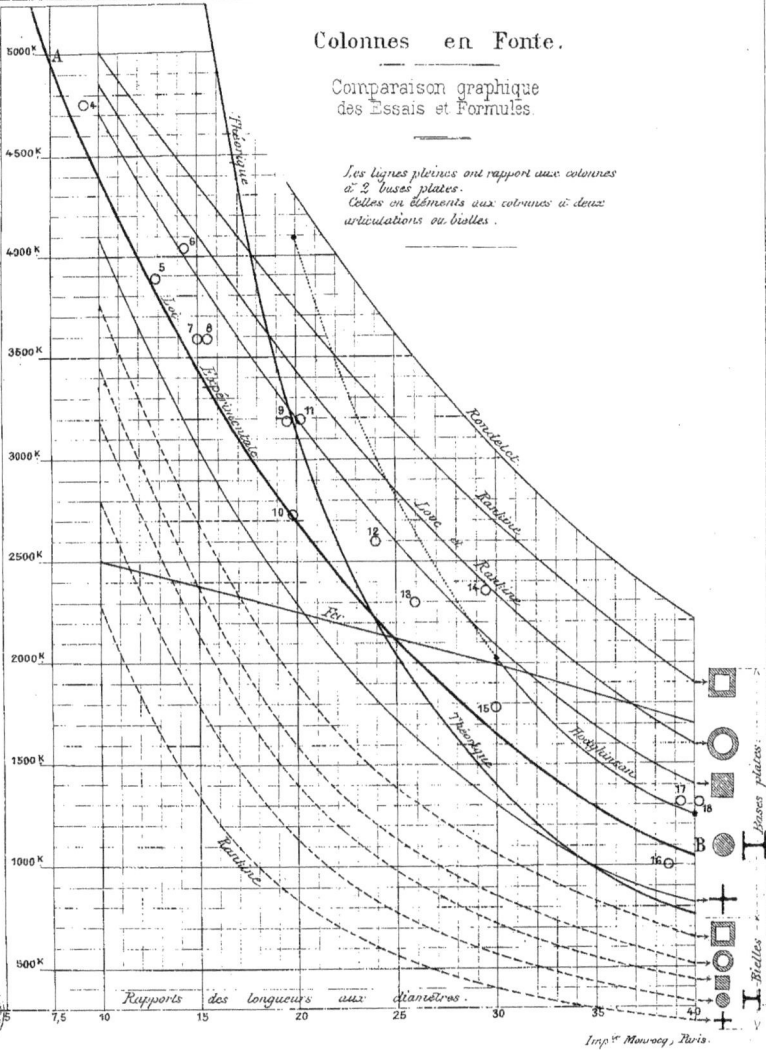

Colonnes en Fonte.

Comparaison graphique des Essais et Formules.

Les lignes pleines ont rapport aux colonnes à 2 bases plates.
Celles en éléments aux colonnes à deux articulations ou bielles.

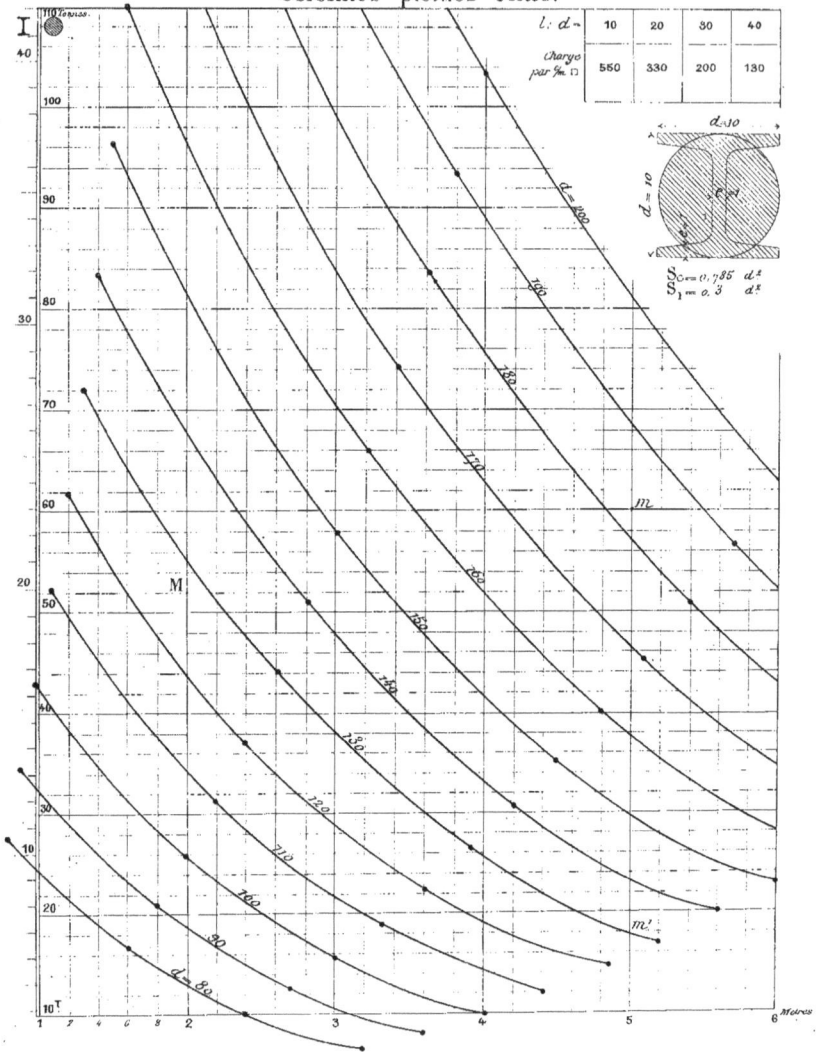

Colonnes creuses fonte.

Pl. VI.

$l : d =$	10	20	30	40
Charges par %m $\square$ pour les deux sections.	800	430	290	200

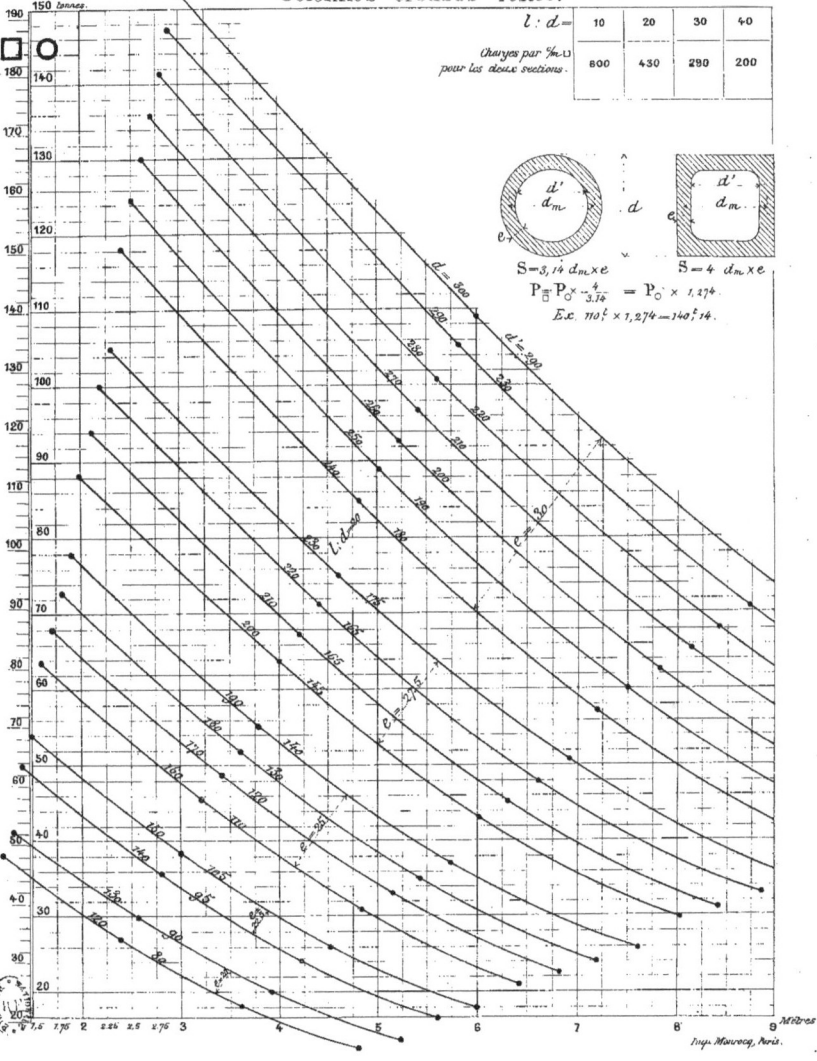

$$S = 3,14 \, d_m \times e \qquad S = 4 \, d_m \times e$$

$$P_{\square} = P_{\bigcirc} \times \frac{4}{3,14} = P_{\bigcirc} \times 1,274$$

$$Ex. \; 110^t \times 1,274 = 140^t,14.$$

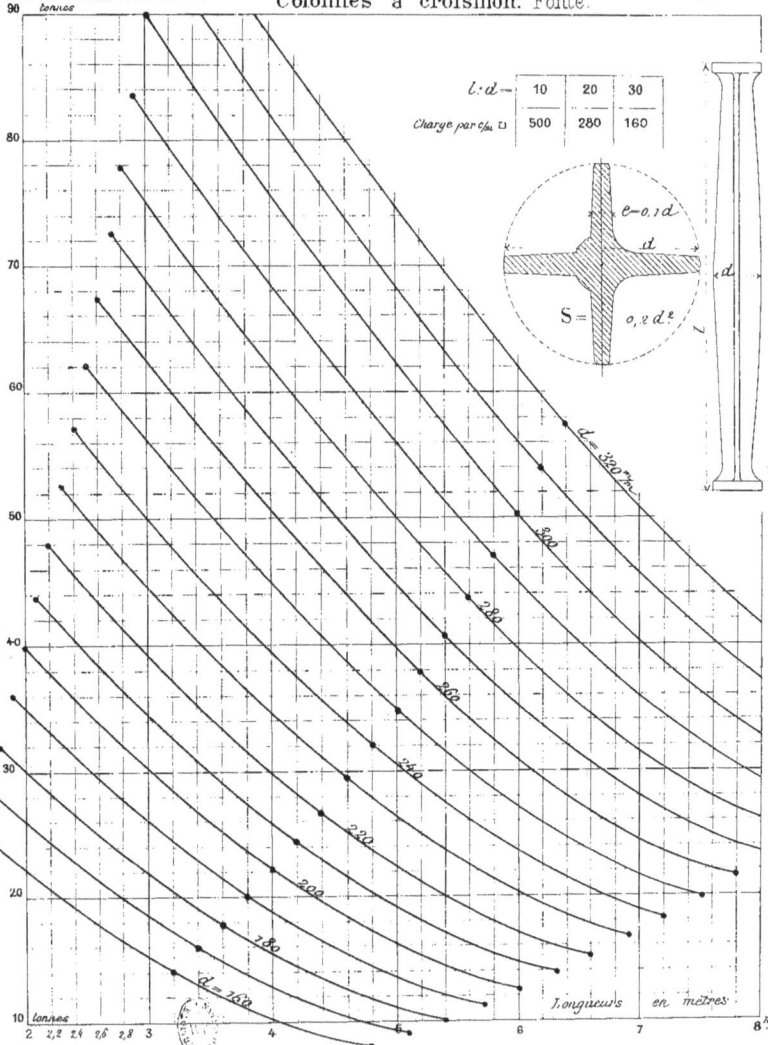

$l : d =$	10	20	30
Charge par c/m □	500	280	160

$e = 0,1 d$

d

$S = 0,2 d^2$

$d = 320^{m/m}$

300

280

260

240

220

200

180

$d = 160$

Longueurs en mètres

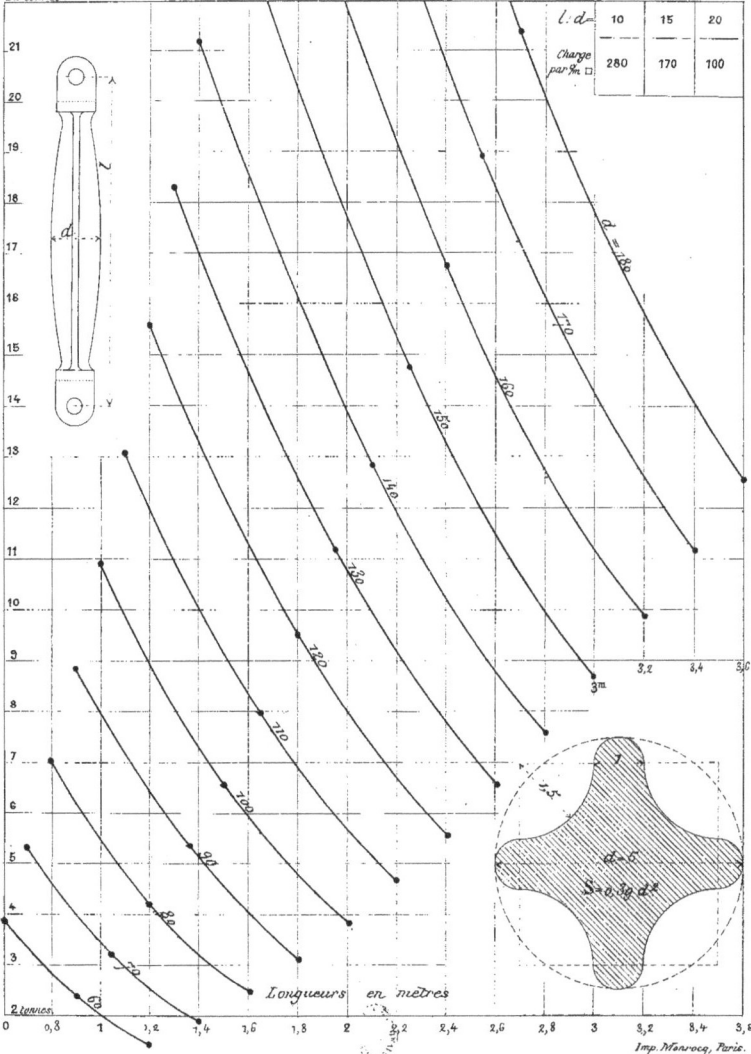

$l : d =$	10	15	20
Charge par $m □$	280	170	100

22 tonnes.

$d = 5$
$S = 0,19\ d^2$

Longueurs en mètres

2 tonnes.

Pl. IX.

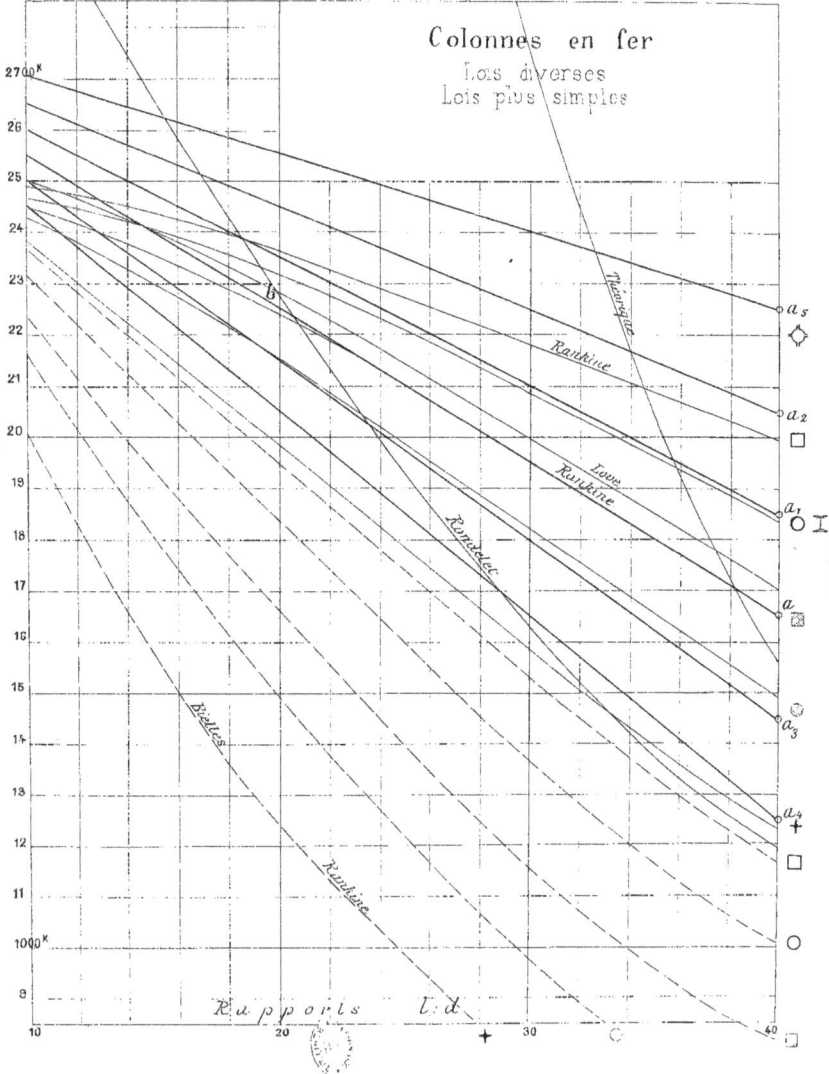

Colonnes en fer
Lois diverses
Lois plus simples

Pl. **X.**

Colonnes en fer

Essais et formules récents.
Lois plus simples.

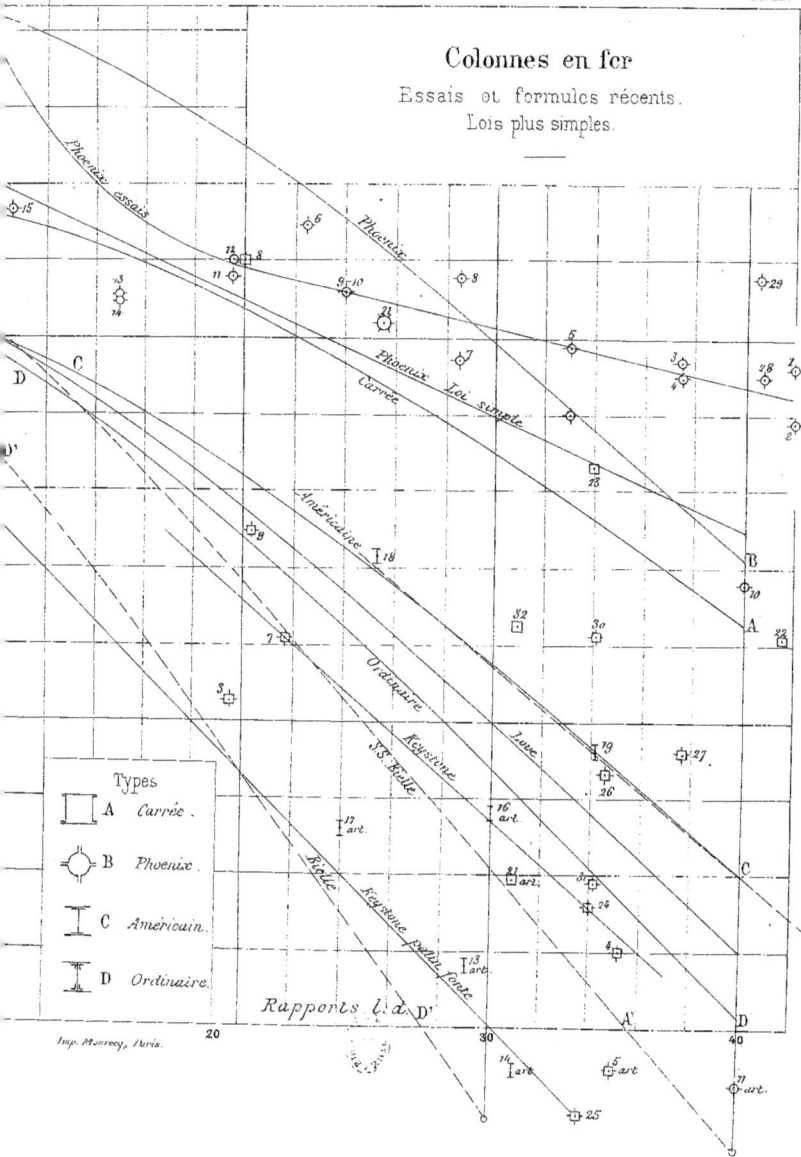

———

Phoenix essais

Phoenix

Phoenix Loi simple

Carrée

Américaine

Ordinaire

Keystone

NS Réelle

Luxe

Réelle

Keystone Fonte fonte

Rapports l à D'

Types

A Carrée.

B Phoenix.

C Américain.

D Ordinaire.

Imp. Monrocq, Paris.

20   30   40

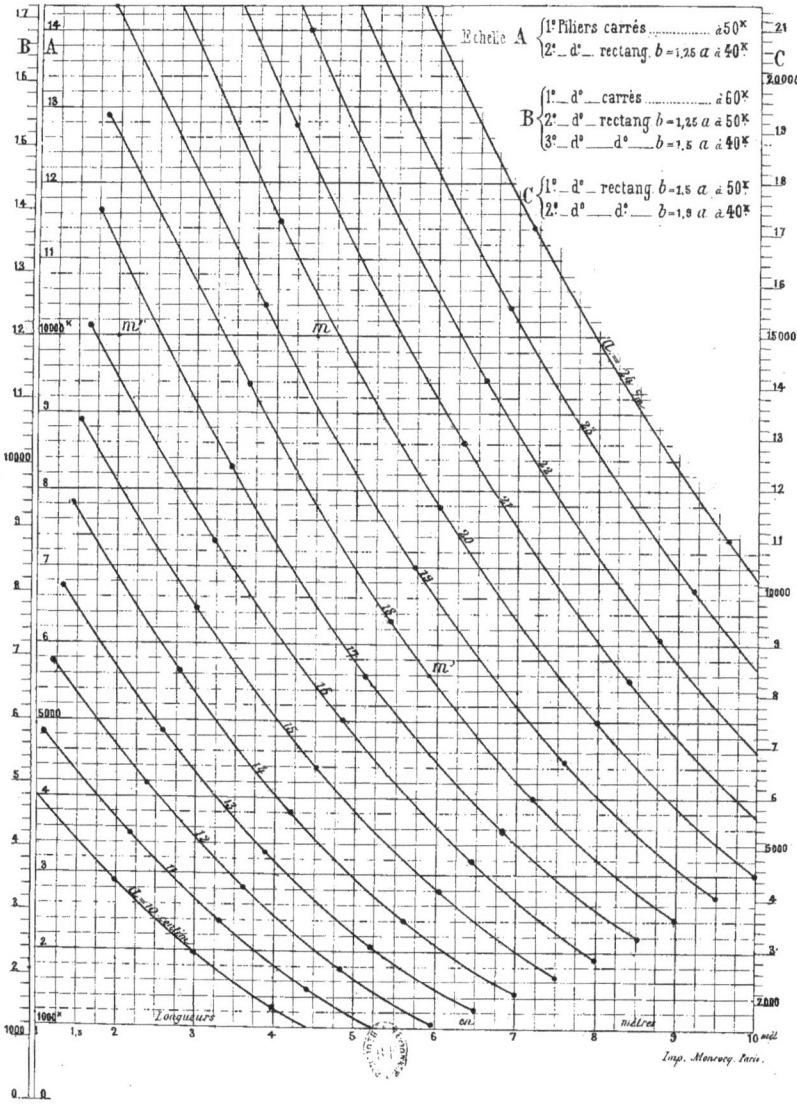

Echelle A $\begin{cases} 1° \text{ Piliers carrés} \dots \dots \dots \text{à } 50^x \\ 2° \_ d° \_ \text{rectang. } b = 1,25\ a\ \text{à } 40^x \end{cases}$

$B \begin{cases} 1° \_ d° \_ \text{carrés} \dots \dots \dots \text{à } 60^x \\ 2° \_ d° \_ \text{rectang } b = 1,25\ a\ \text{à } 50^x \\ 3° \_ d° \_ d° \_ b = 1,5\ a\ \text{à } 40^x \end{cases}$

$C \begin{cases} 1° \_ d° \_ \text{rectang. } b = 1,5\ a\ \text{à } 50^x \\ 2° \_ d° \_ d° \_ b = 1,3\ a\ \text{à } 40^x \end{cases}$

Fers à planchers   I
Fers zorés   ⊓

Charge totale uniforme pl.

Echelles pour R = 10ᵏ = 8ᵏ = 6ᵏ

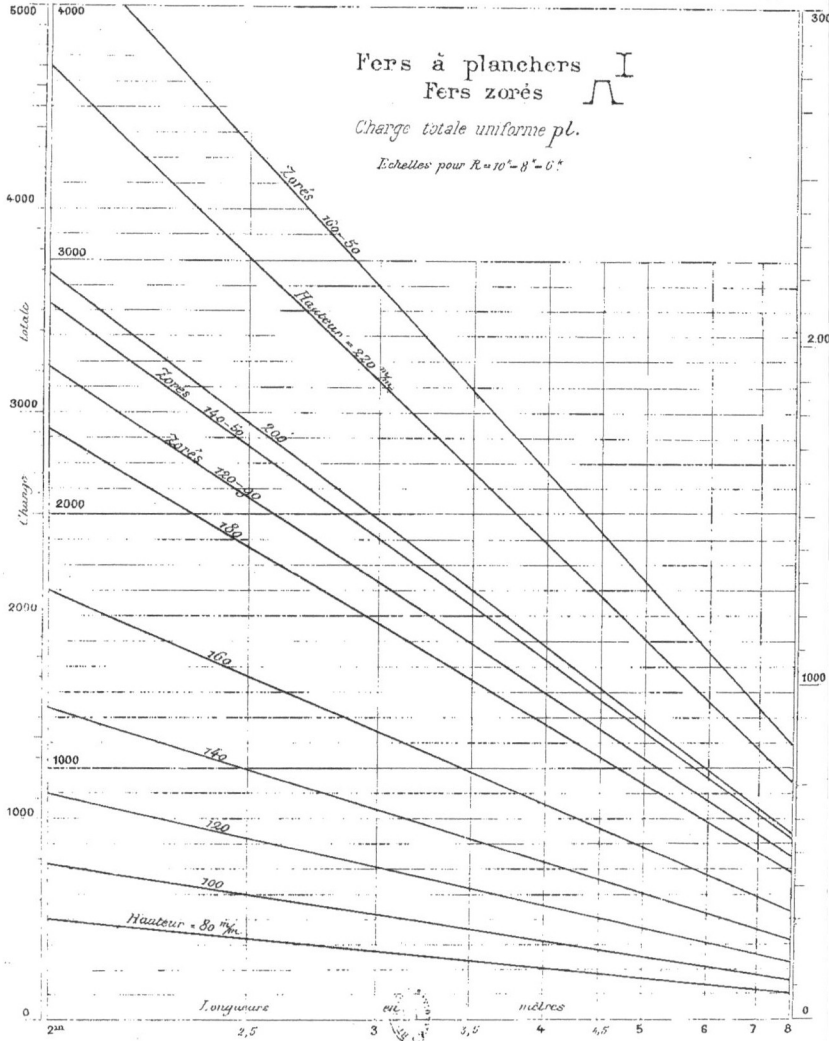

Pièces de Bois – Flexion – *Charge totale uniforme pl.*

Pl. XIII.

Dimensions en centimètres.

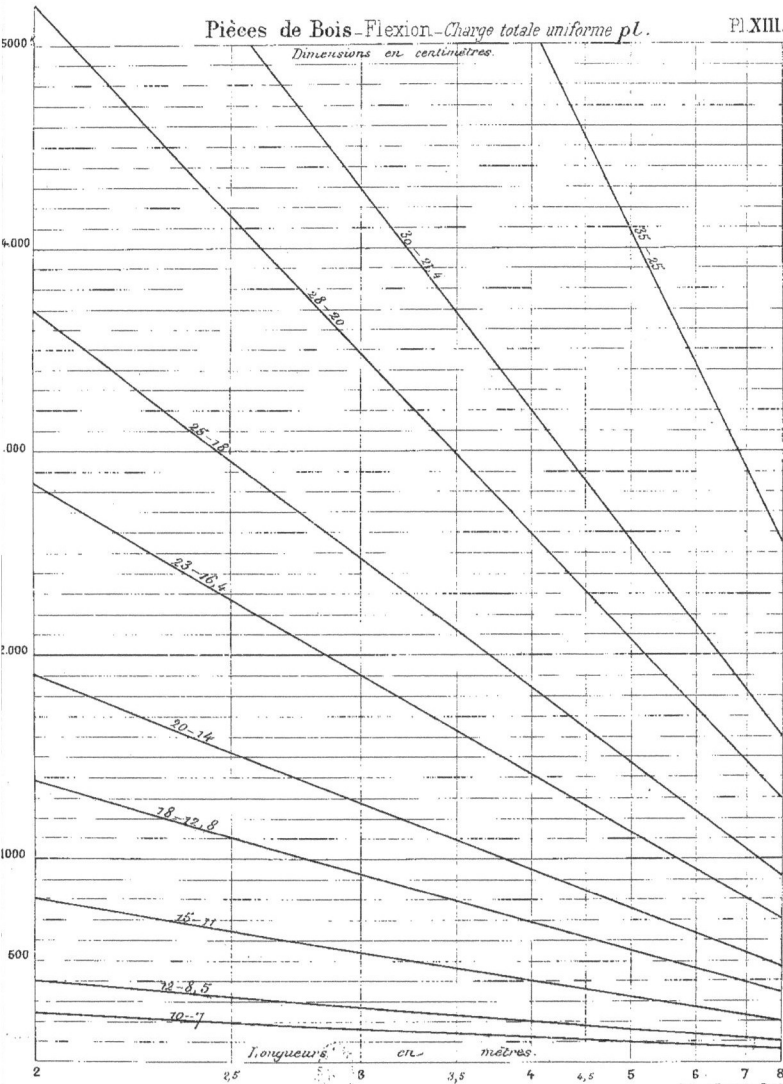

Longueurs en mètres.

Imp. Monrocq, Paris.

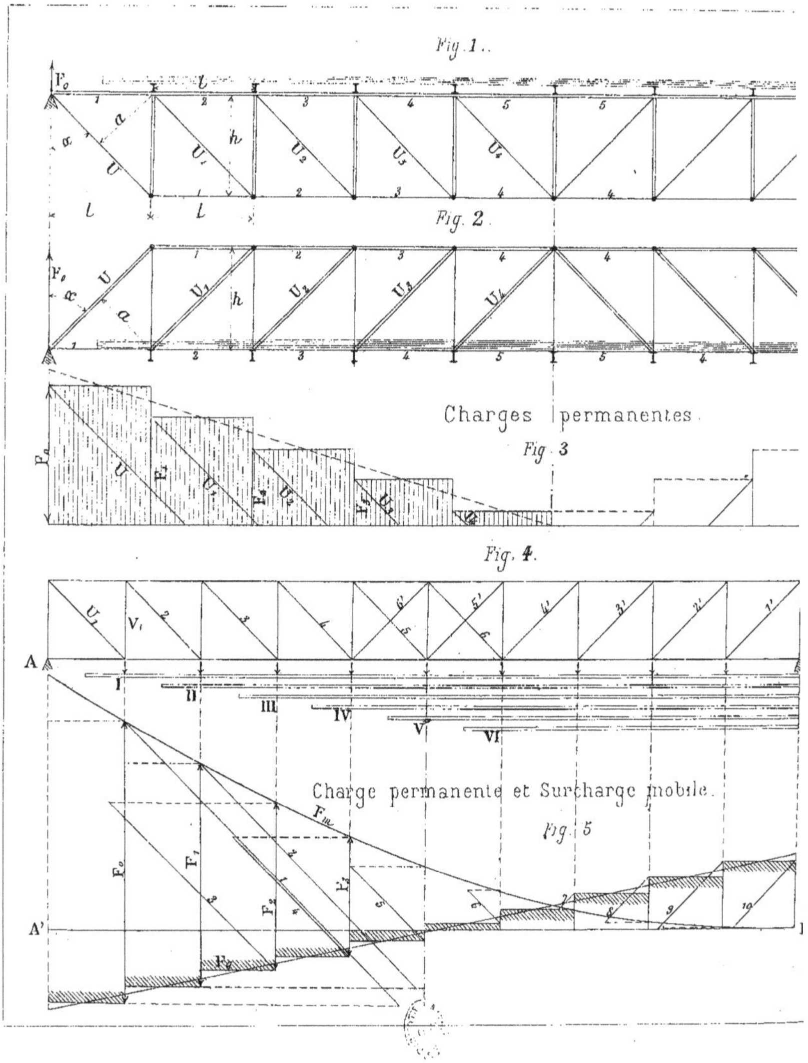

Fig. 1.

Fig. 2.

Charges permanentes.

Fig. 3

Fig. 4.

Charge permanente et Surcharge mobile.

Fig. 5

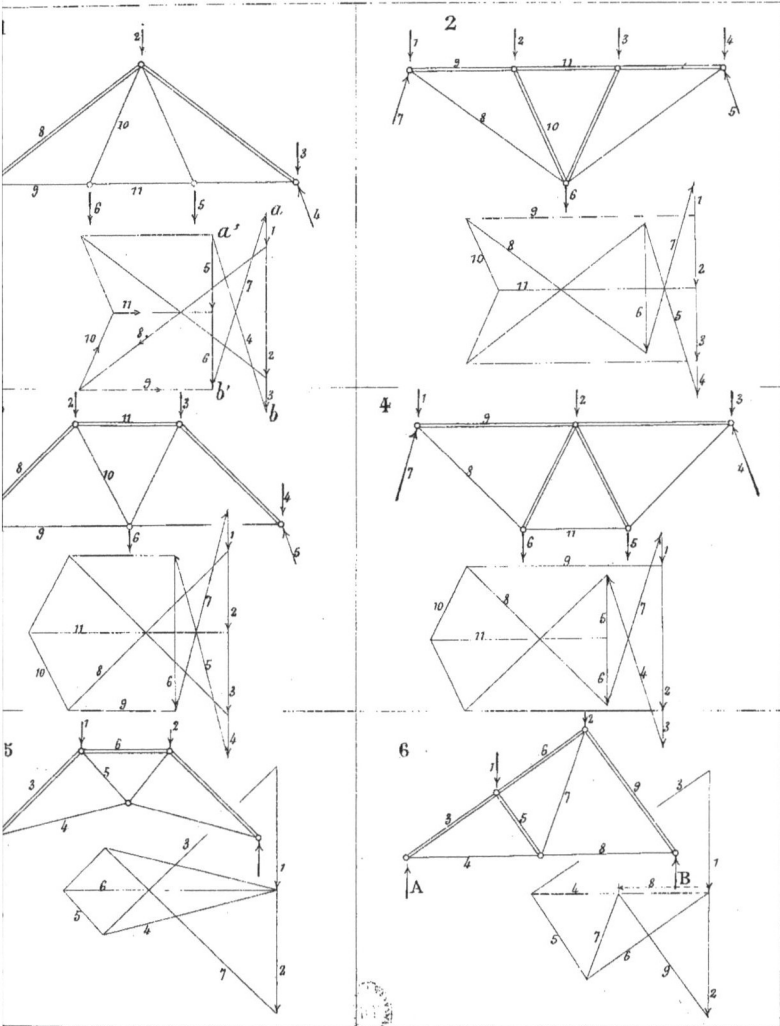

Imp. Monrocq. Paris.

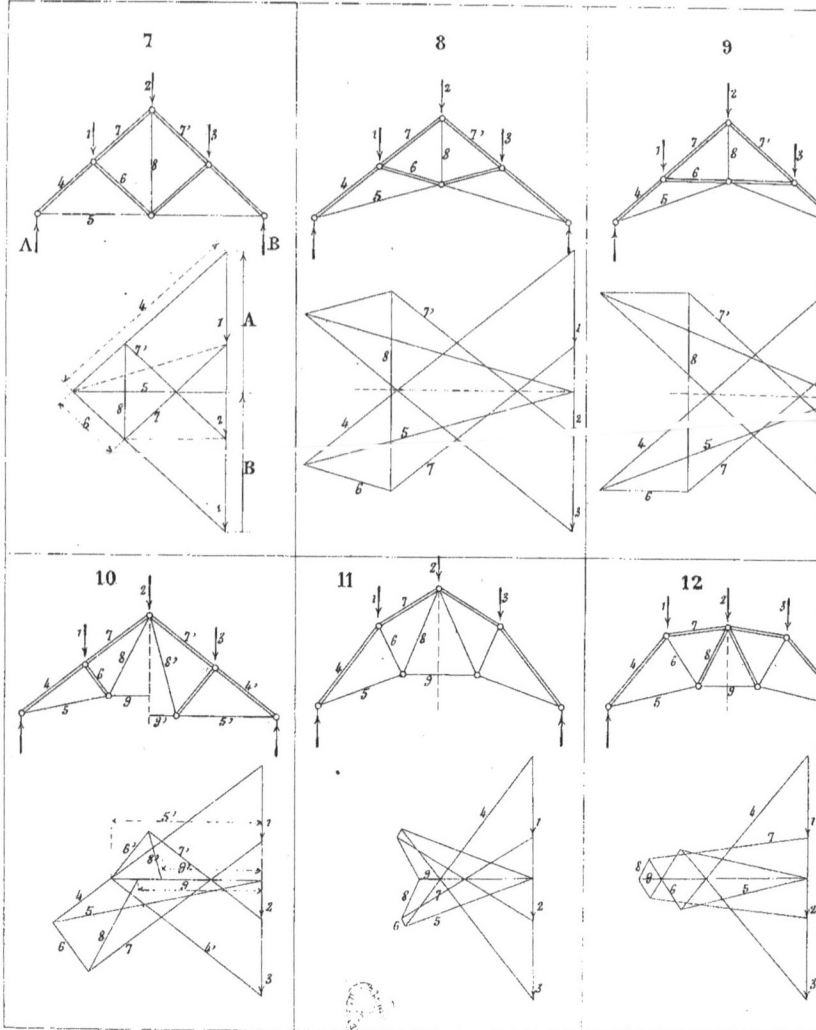

7

8

9

10

11

12

13

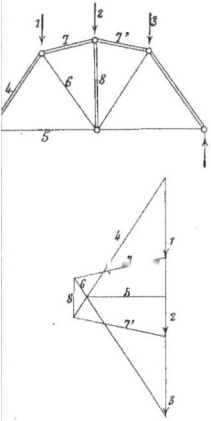

14

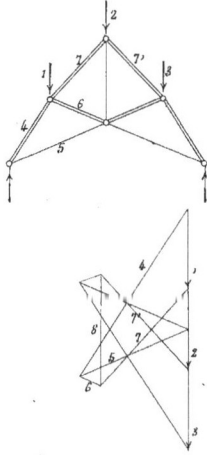

15

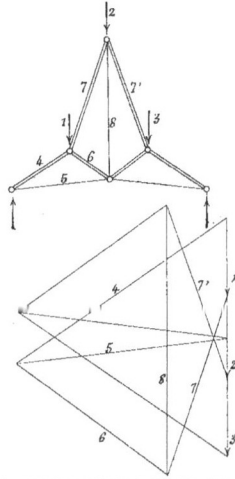

16

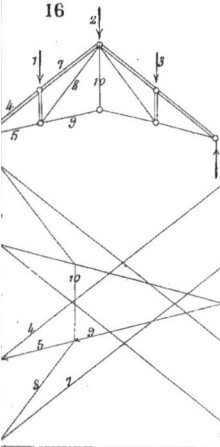

17

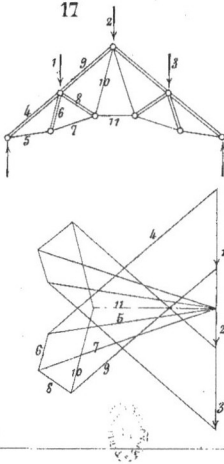

18

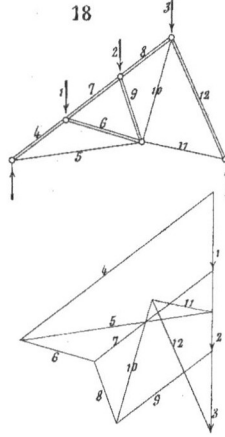

Imp. Monrocq, Paris.

19

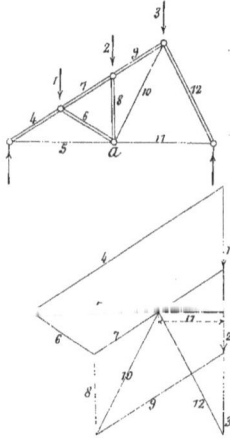

20

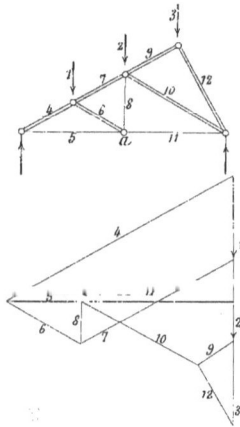

21

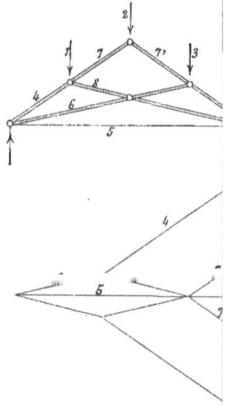

22

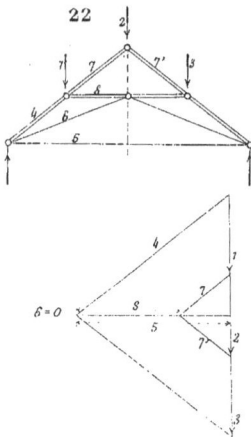

23

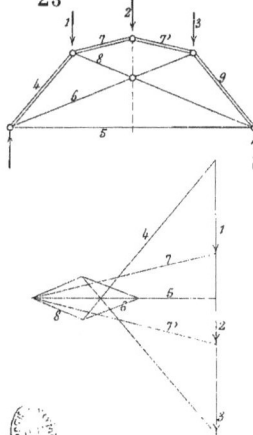

24

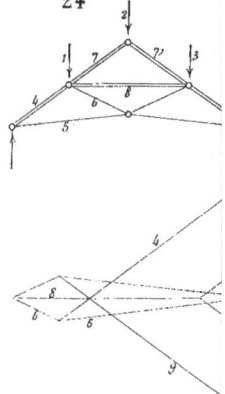

25

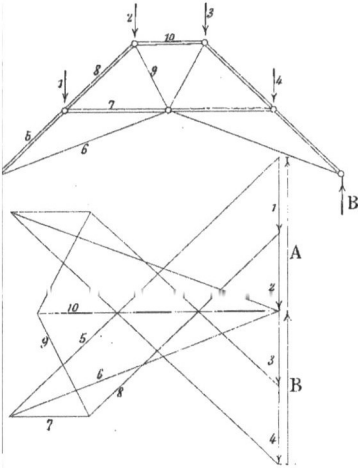

26

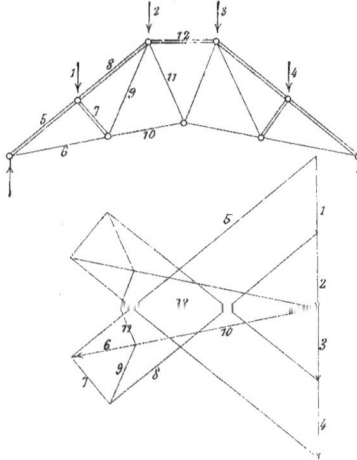

27

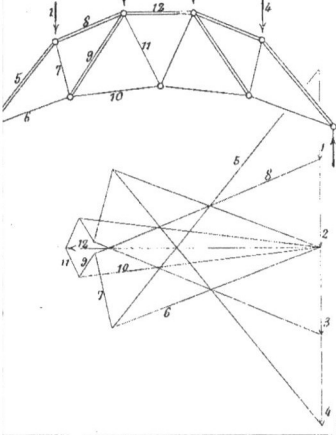

28

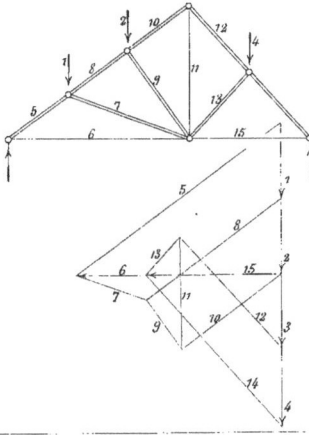

Imp. Monrocq, Paris.

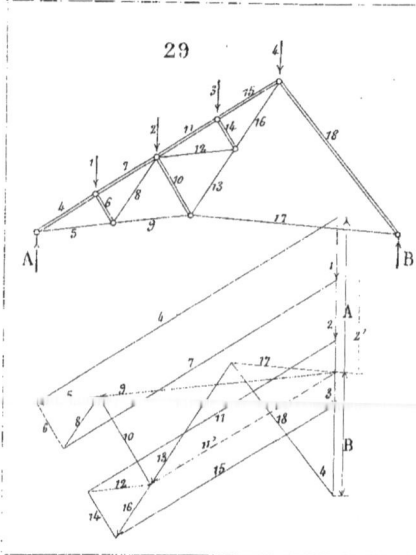

29

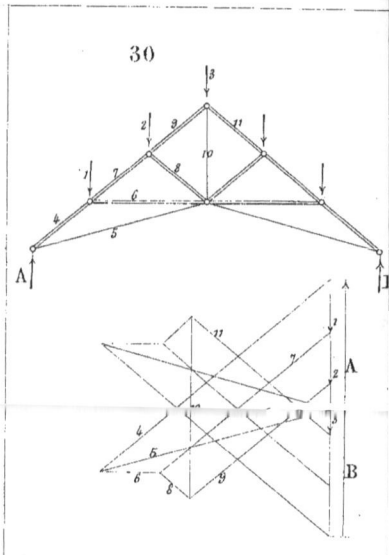

30

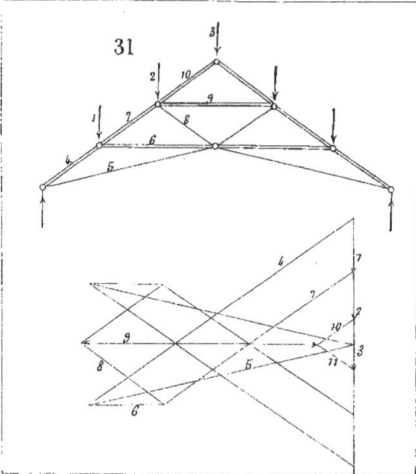

31

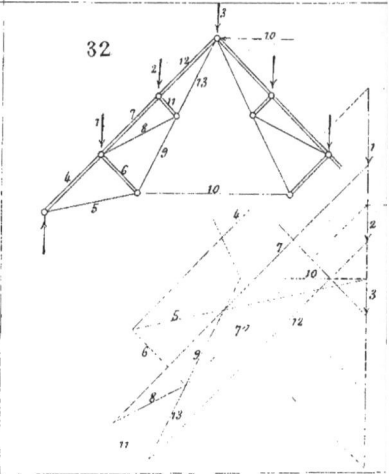

32

33

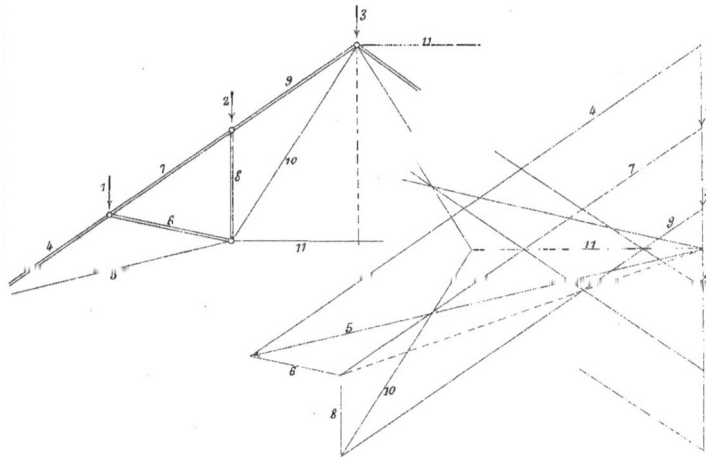

34

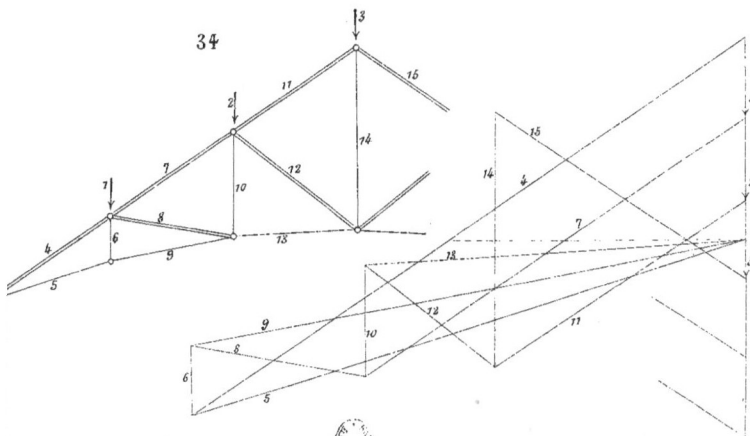

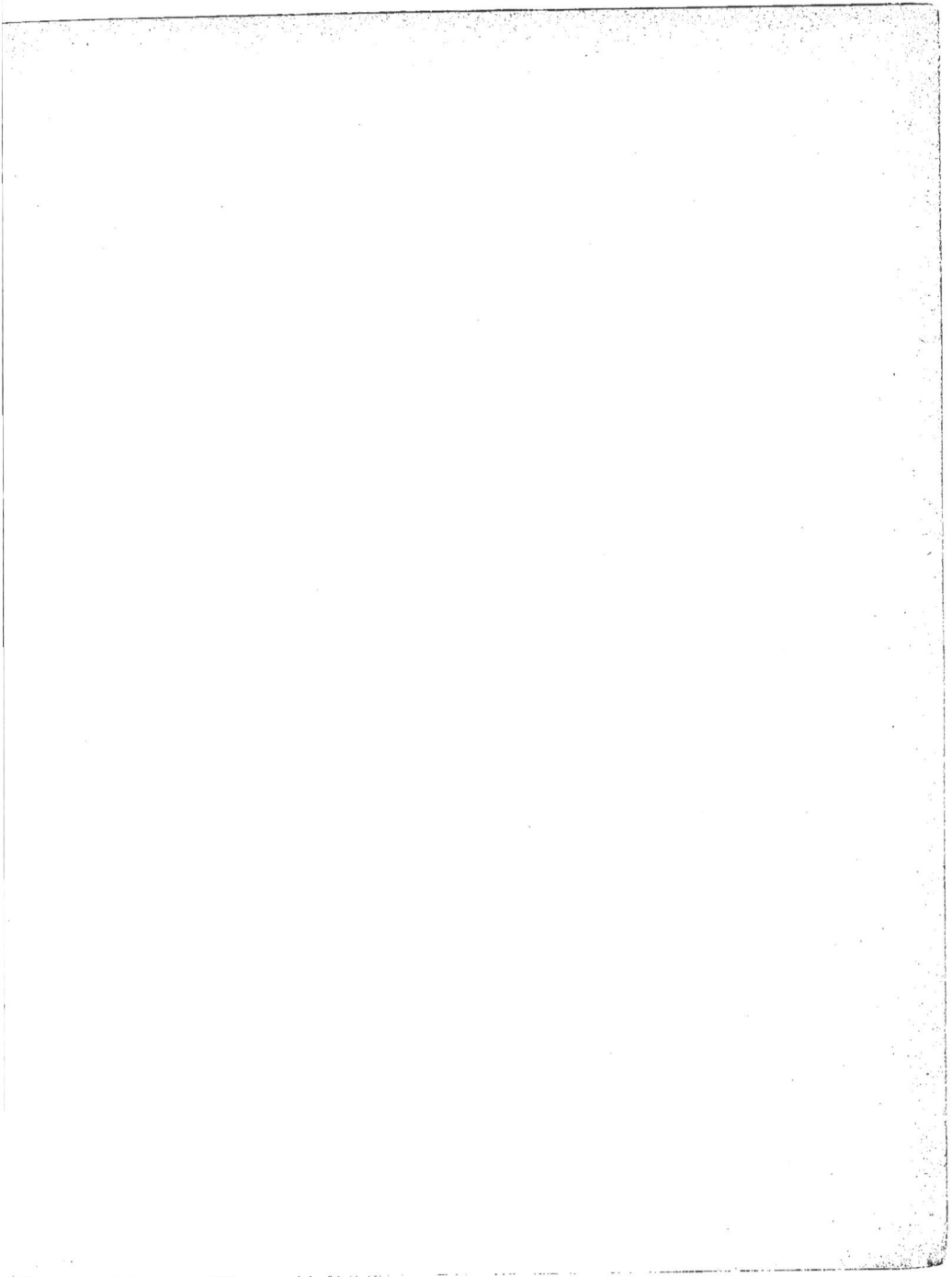

Type Français (Polonceau)

35

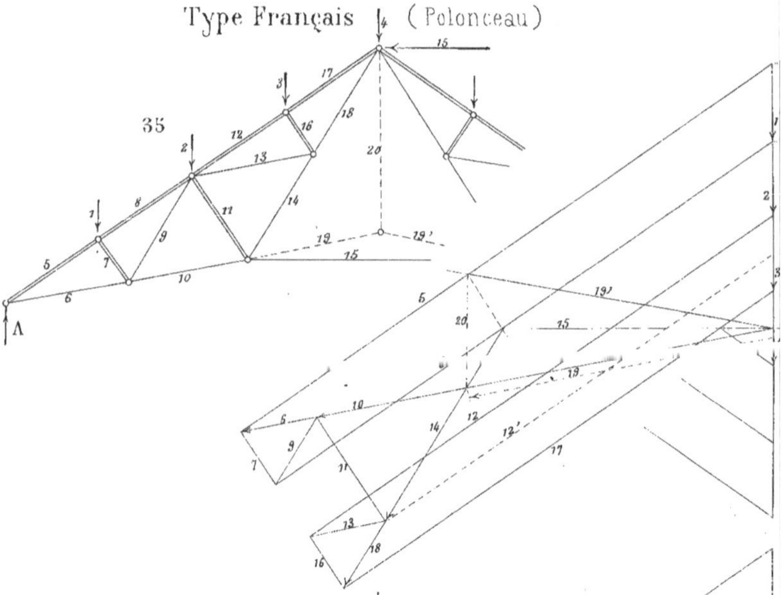

36

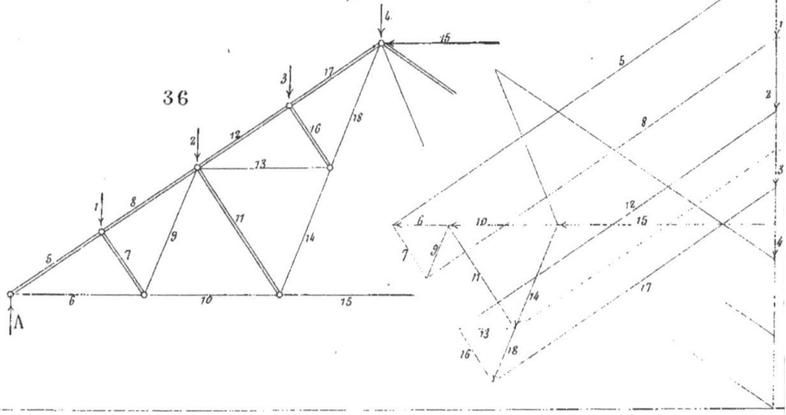

Type Belge

37

38

Imp. Monrocq, Paris.

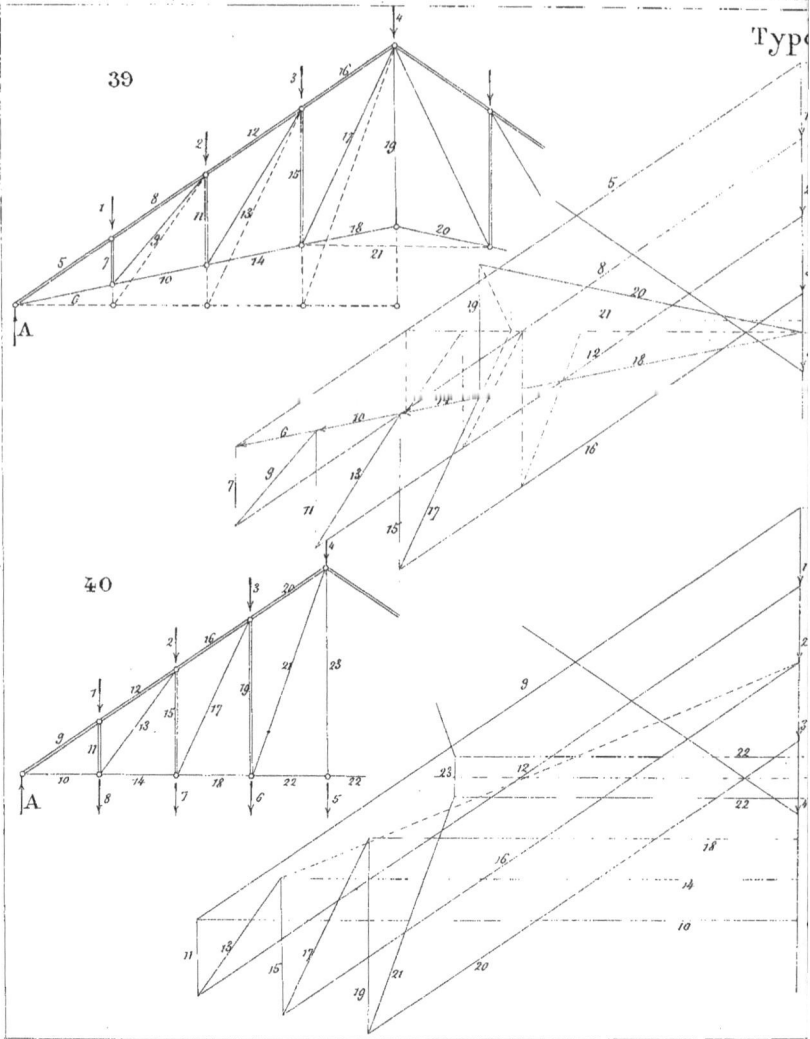

39

40

A

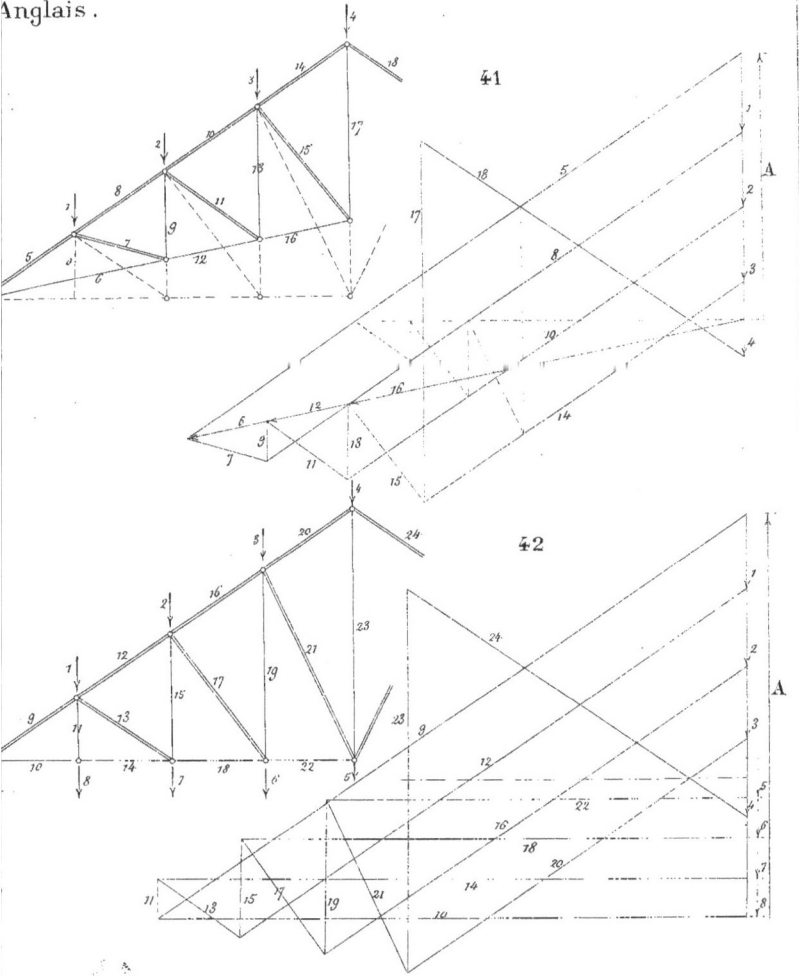

41

42

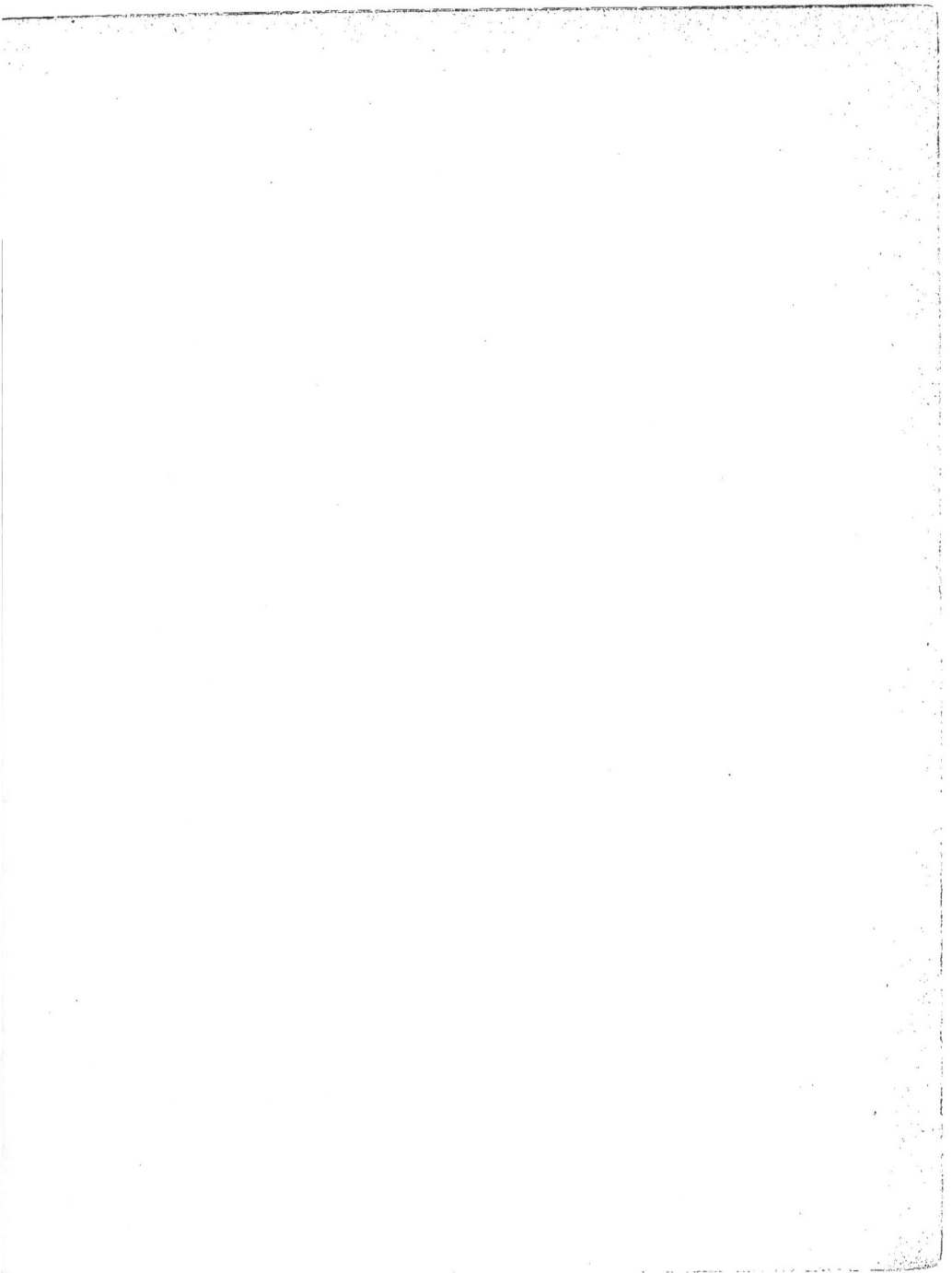

Système composé.

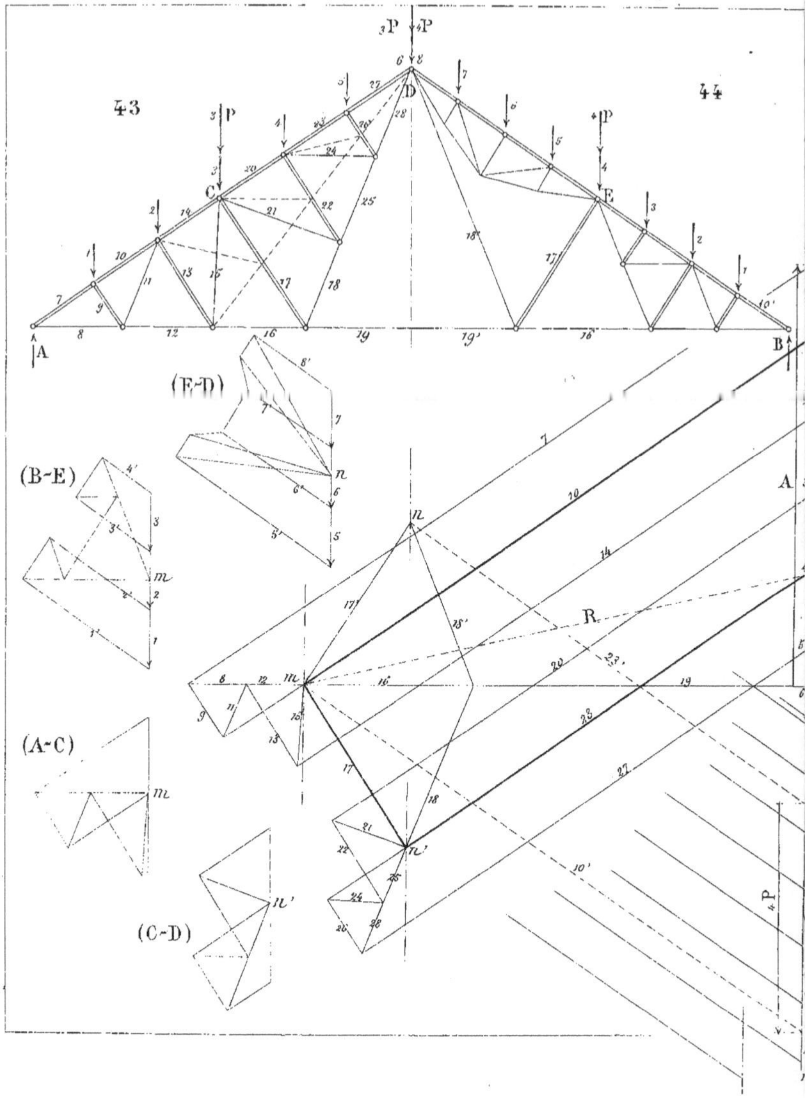
43
44
(E-D)
(B-E)
(A-C)
(C-D)
R
A
B
C
D
E

Pl. XXI.

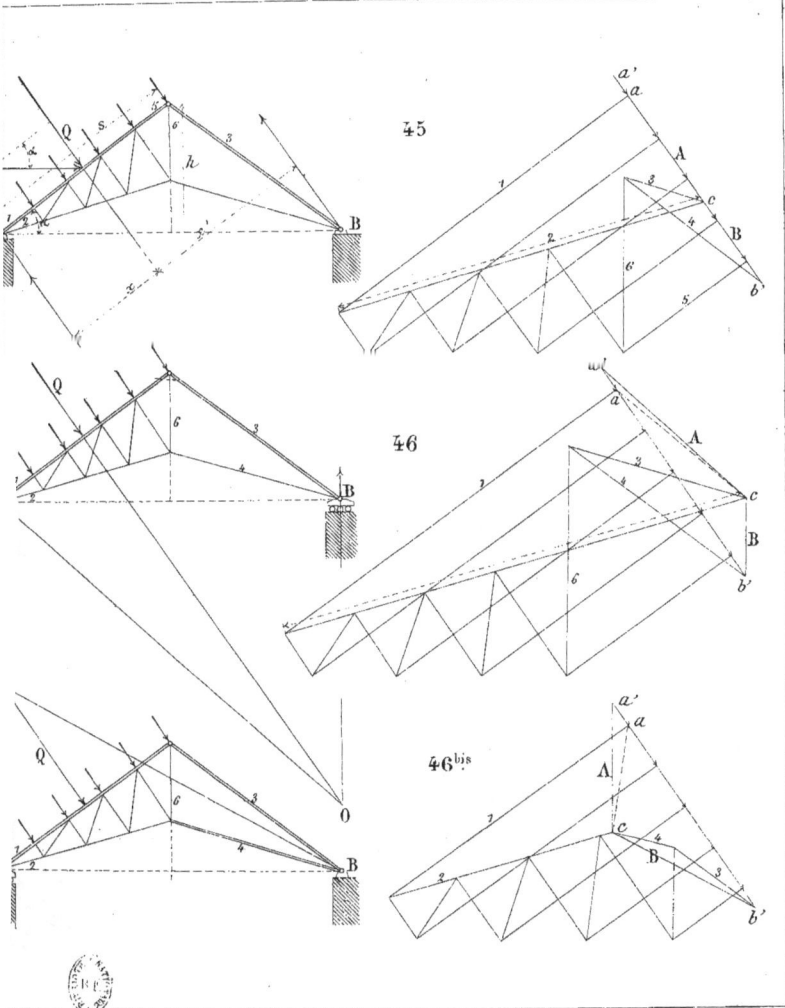

45

46

46bis

Imp. Monrocq, Paris.

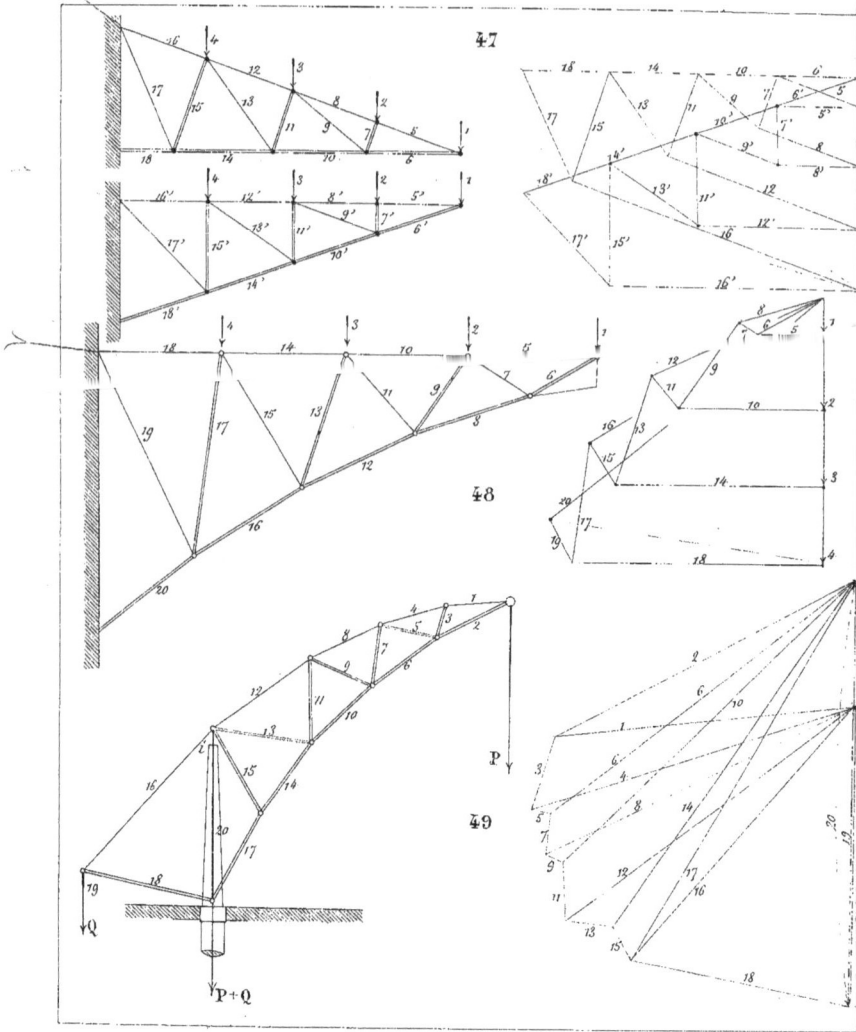

47

48

49

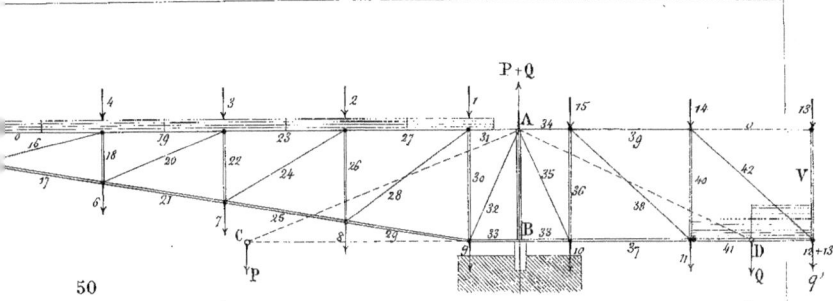

50

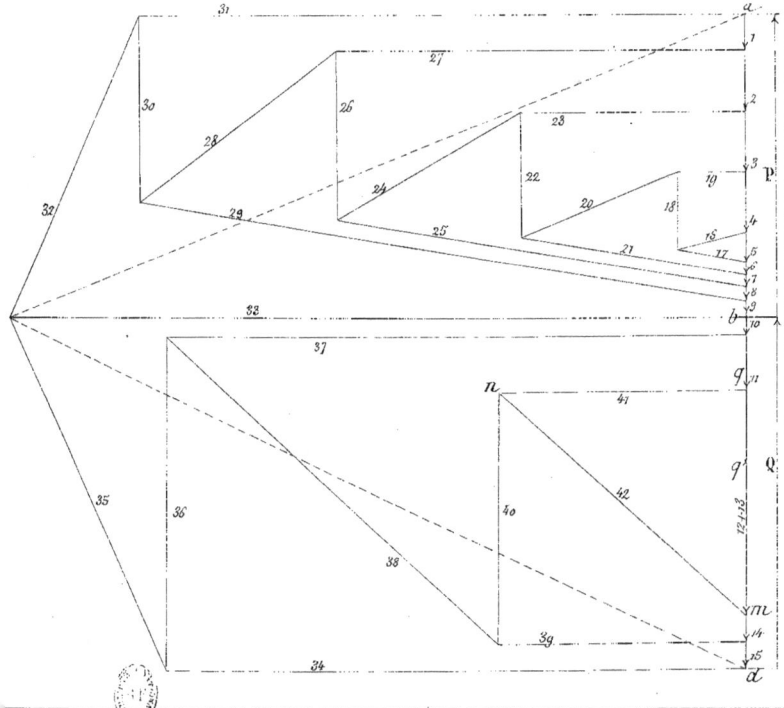

Imp Monrocq, Paris.

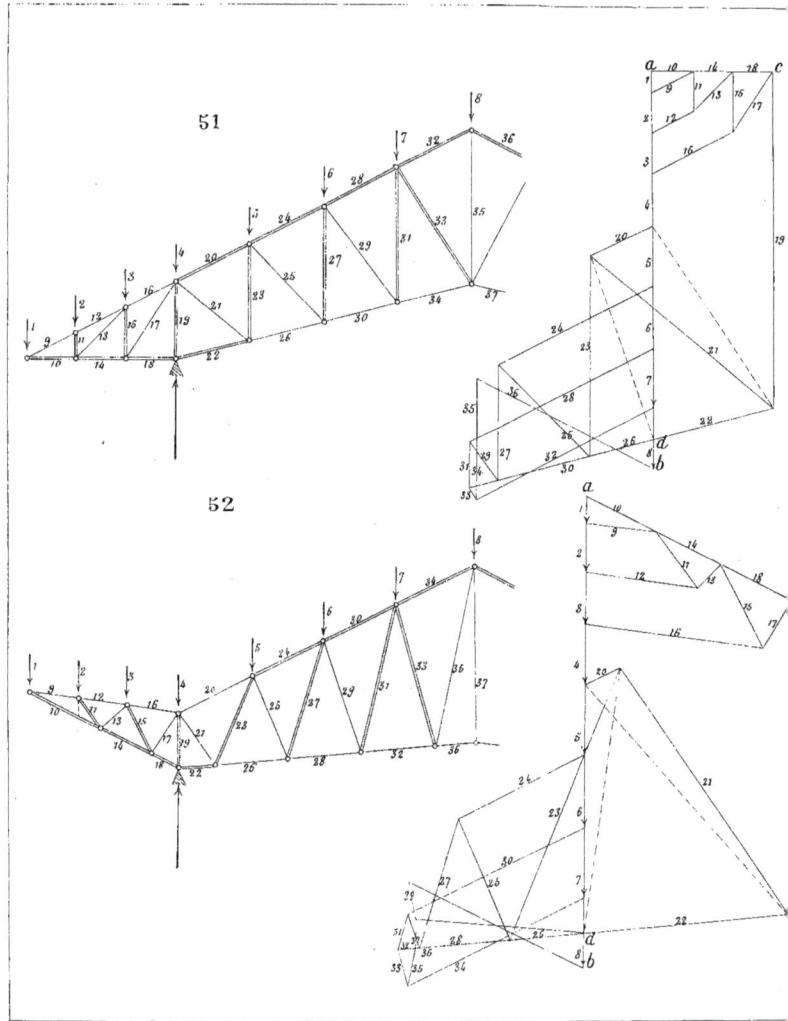

51

52

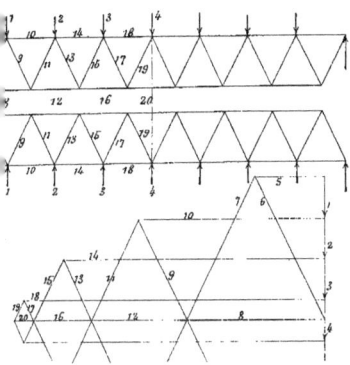
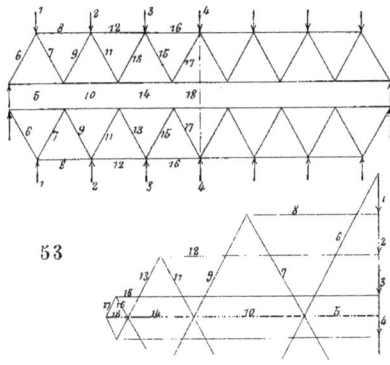

53

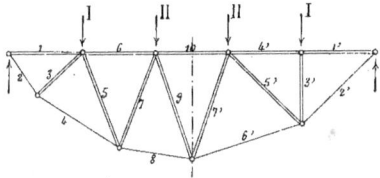
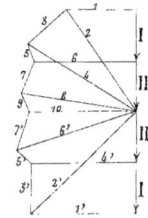

54

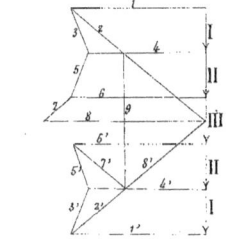

55

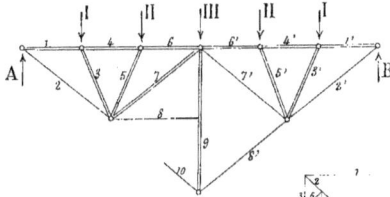

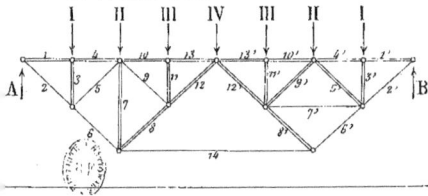

56

Imp. Monrocq Paris.

Poutre parabolique.

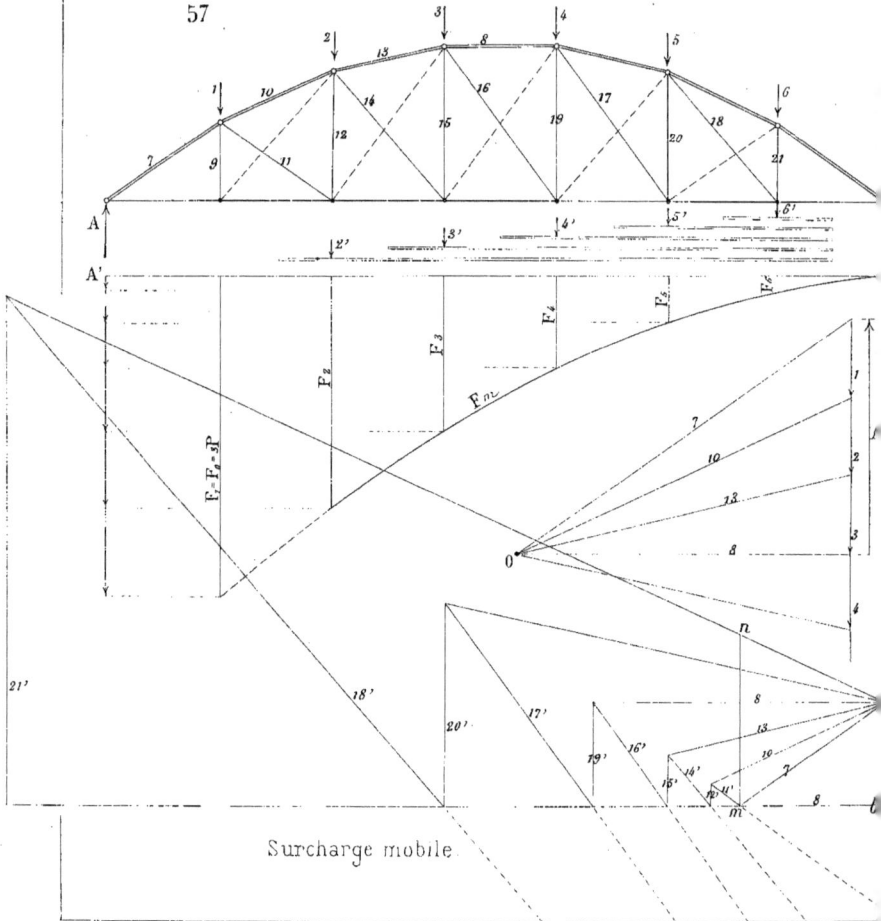

57

Surcharge mobile

Pl. XXIV.

Poutre en Croissant (parabolique)

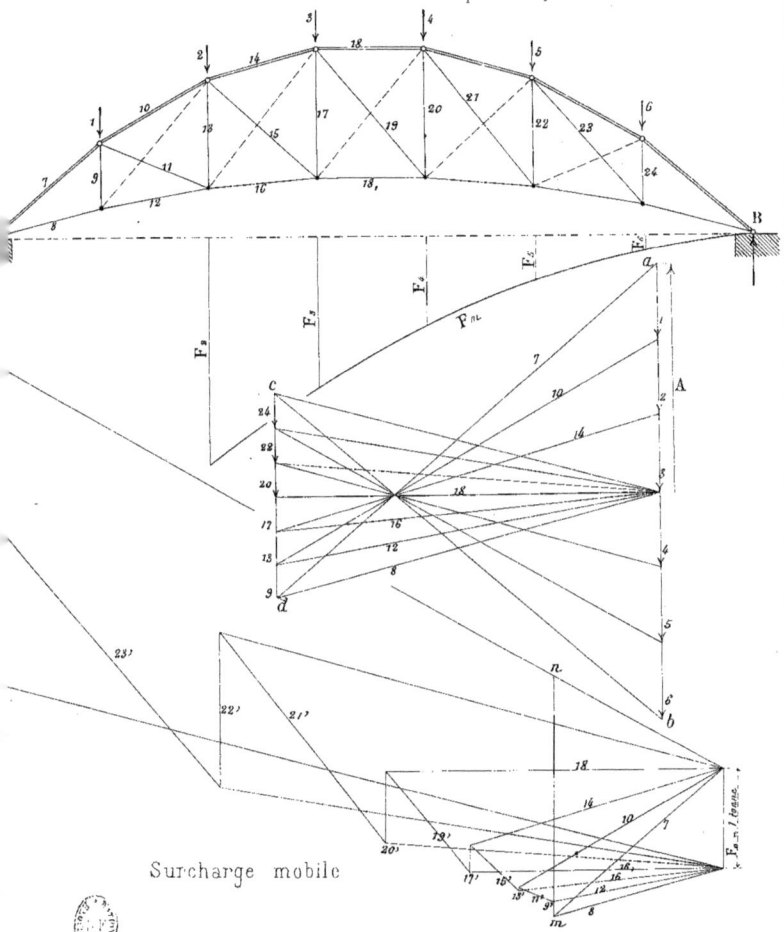

Surcharge mobile

Imp. Monrocq, Paris

Poutre mixte

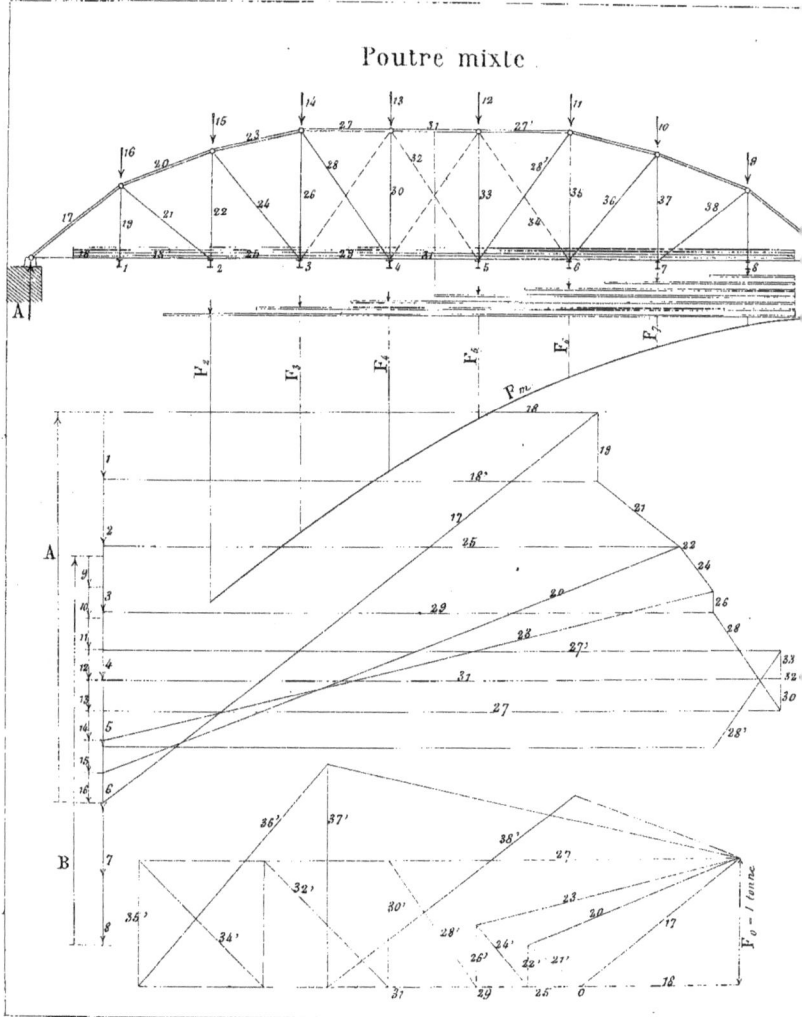

Pl. XXV

Poutre
à
ouble triangle

(D)

Poutre
à jambagcs

Imp. Monrocq Paris

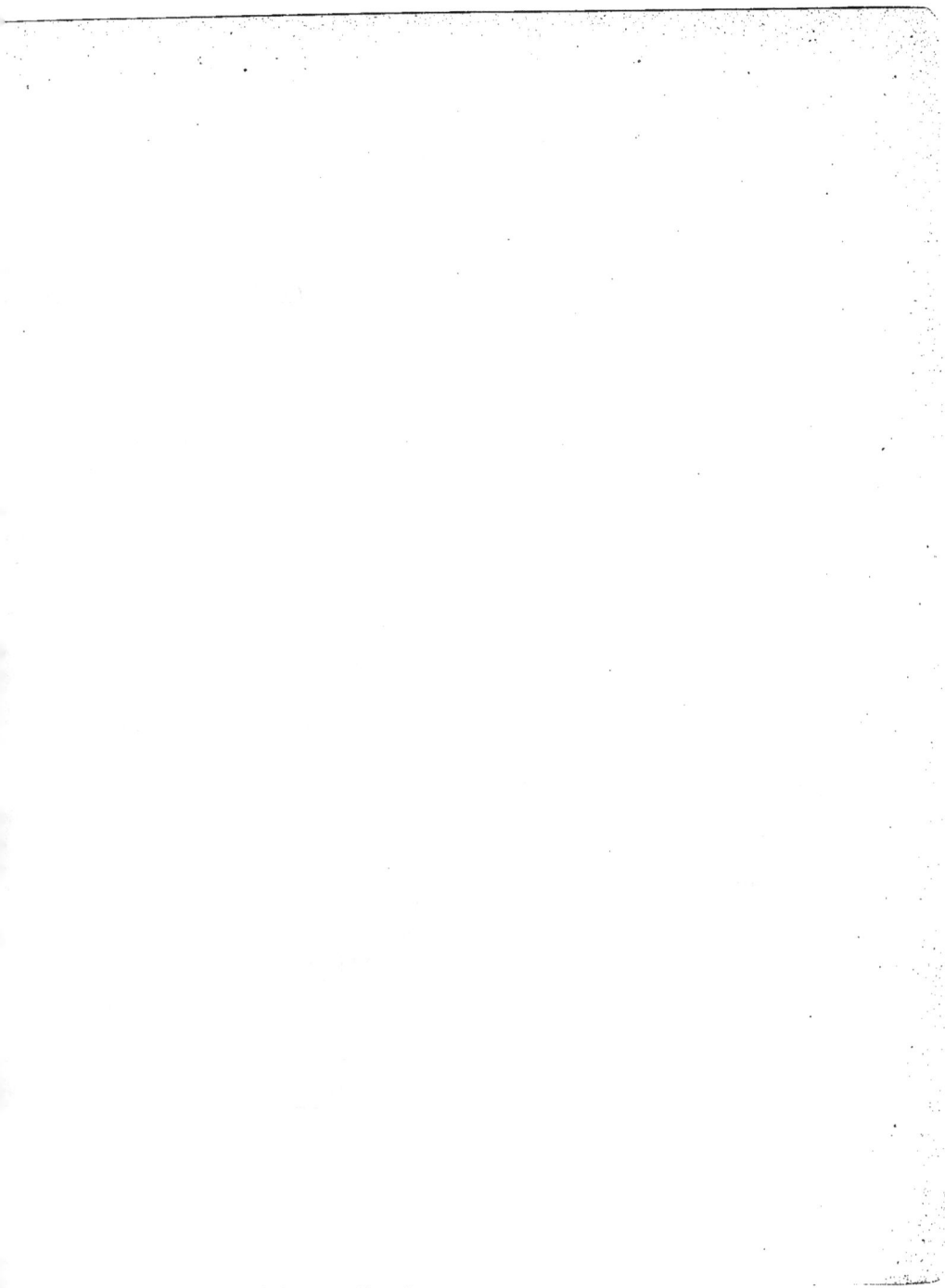

Poutre en arc.

Pont suspendu

Pl XXVI.

Arc articulé.

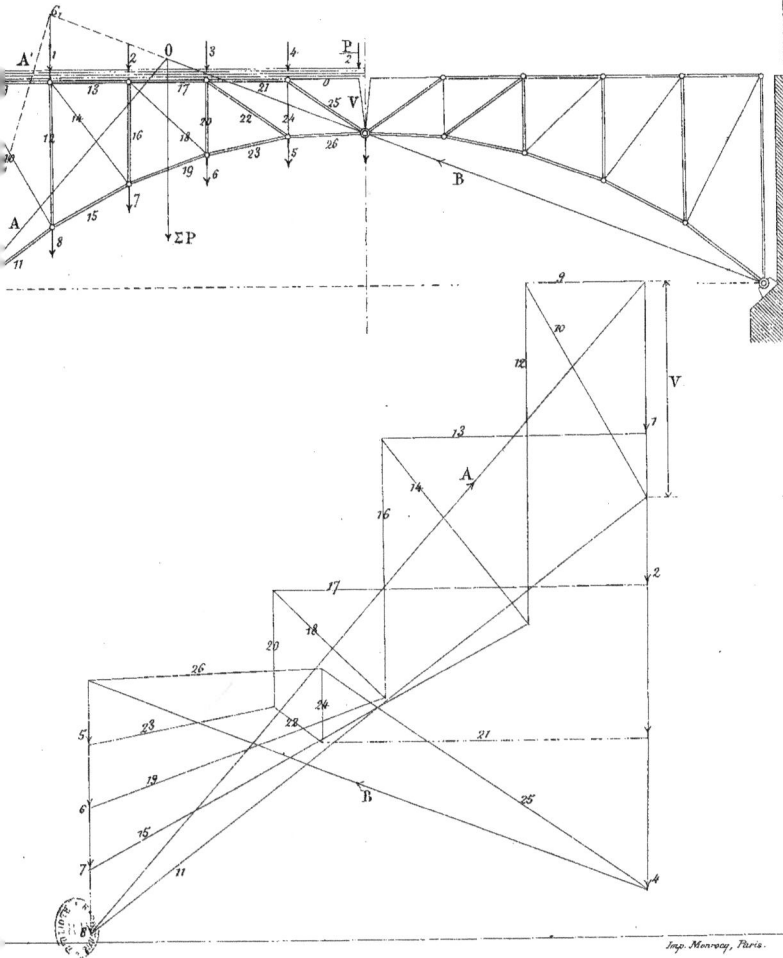

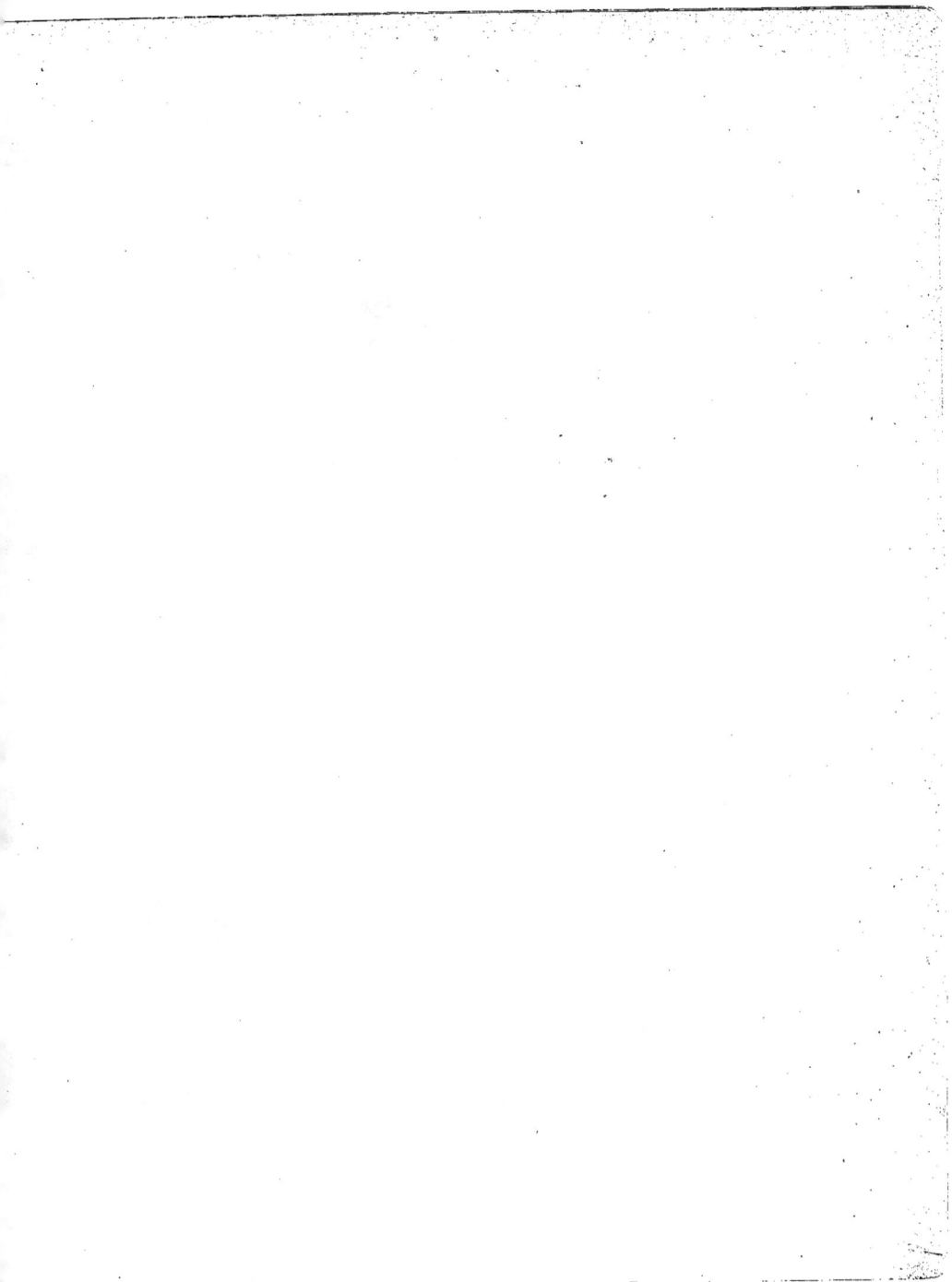

Membrure d'extrados

Nº 22.

(18-19-20)

543

Corn. 100-100-9

Corn. 100-100-12

540

Corn. 100-70-10

(15-16-17-21)

77°

540

798000

540

Treillis (21 à 12)
(11 à 1)

Treillis (24-23-22)

Fers $\frac{200-100}{14}$

de 900-10

Cerce intᵉ

70.72

Treillis T_2

Membrure d'Intrados, Panneaux Nᵒˢ (22-23 & ½ 24)

Corn. 100-70-10

540

Corn. 100-100-12

900

160-10

(Horizontale)   Rayon = 22ᵐ.68.

7.06

58ᵐ.30

T_1

'Exposition de 1889. Pl. XXVII.

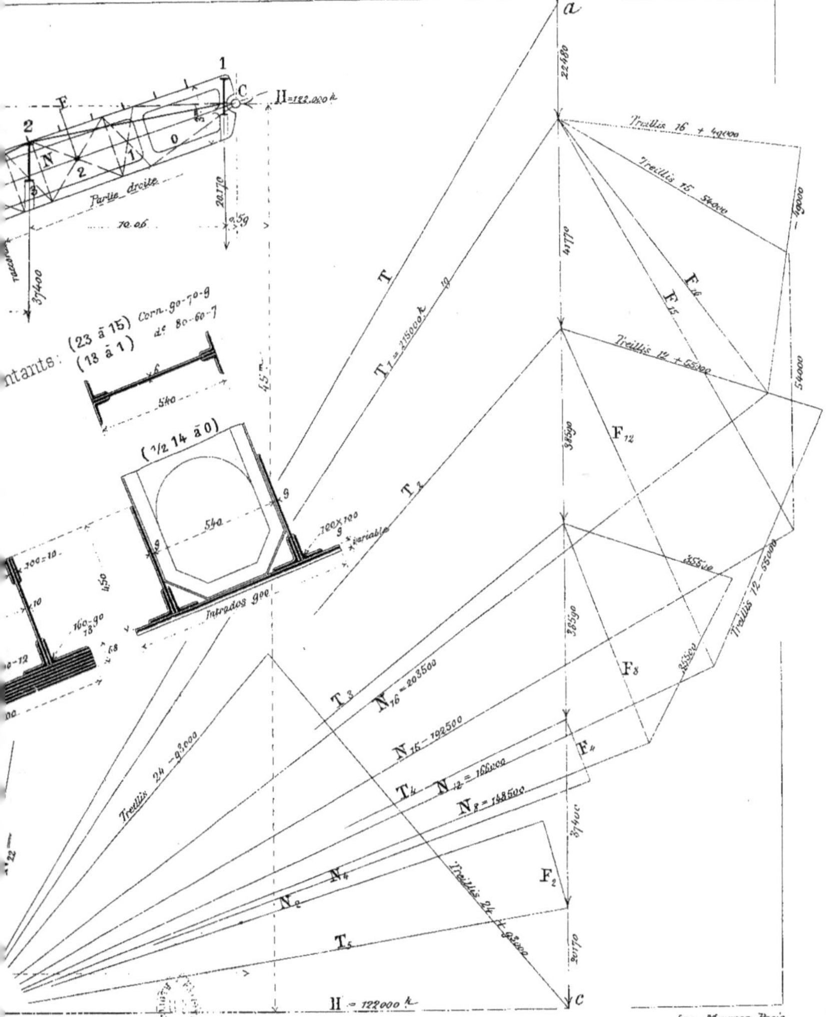

Imp. Monrocq, Paris.

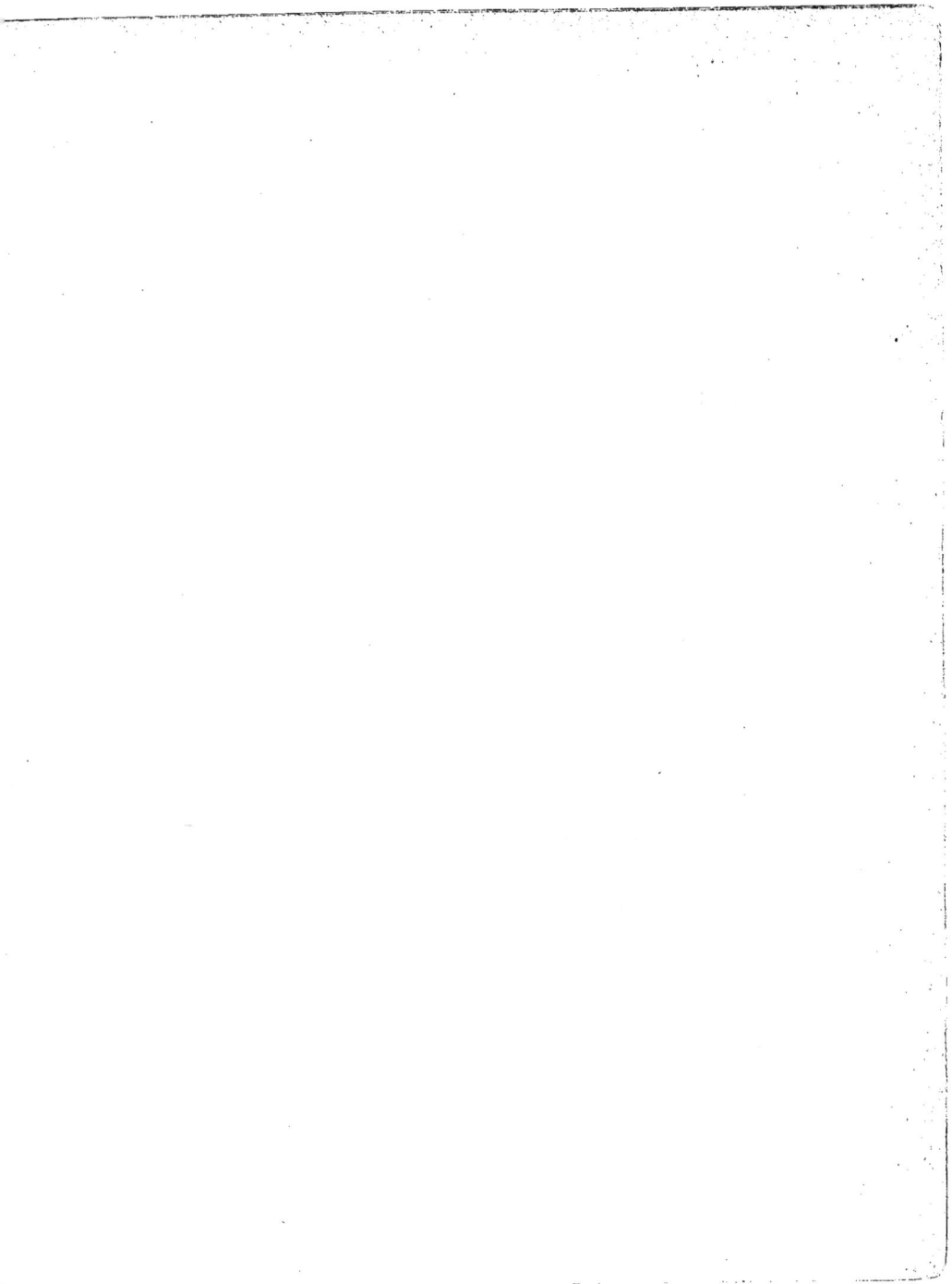

J.BUCHETTI _ Manuel

Ferme encastrée.
(Grande Galerie — Expⁿ 1878.)

Pl. XXVIII.

me articulée

aux-Arts Exp^{on} 1889).

Ferme continue

(Annexe. Exp^{on} 1878).

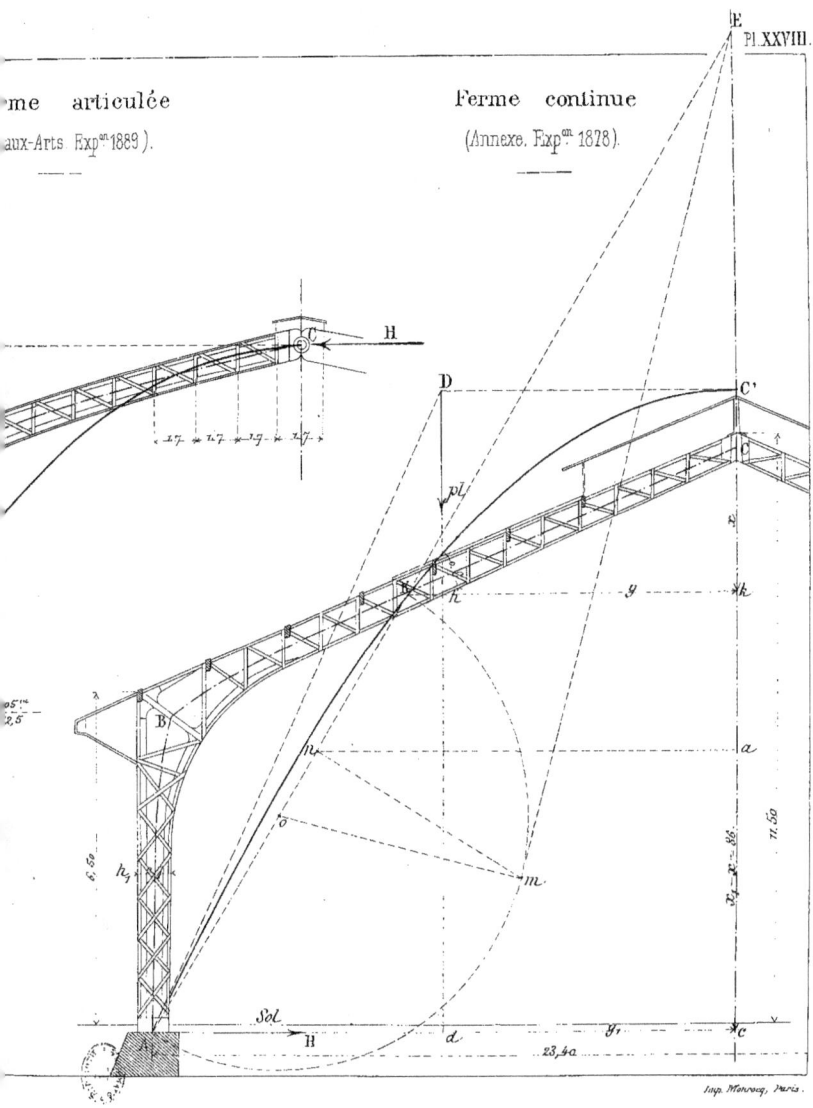

Pont sur le Douro, (Portugal).

Pl. XXIX.

Viaduc de Garabit.

(Ligne de Marvejols à Neussargues).

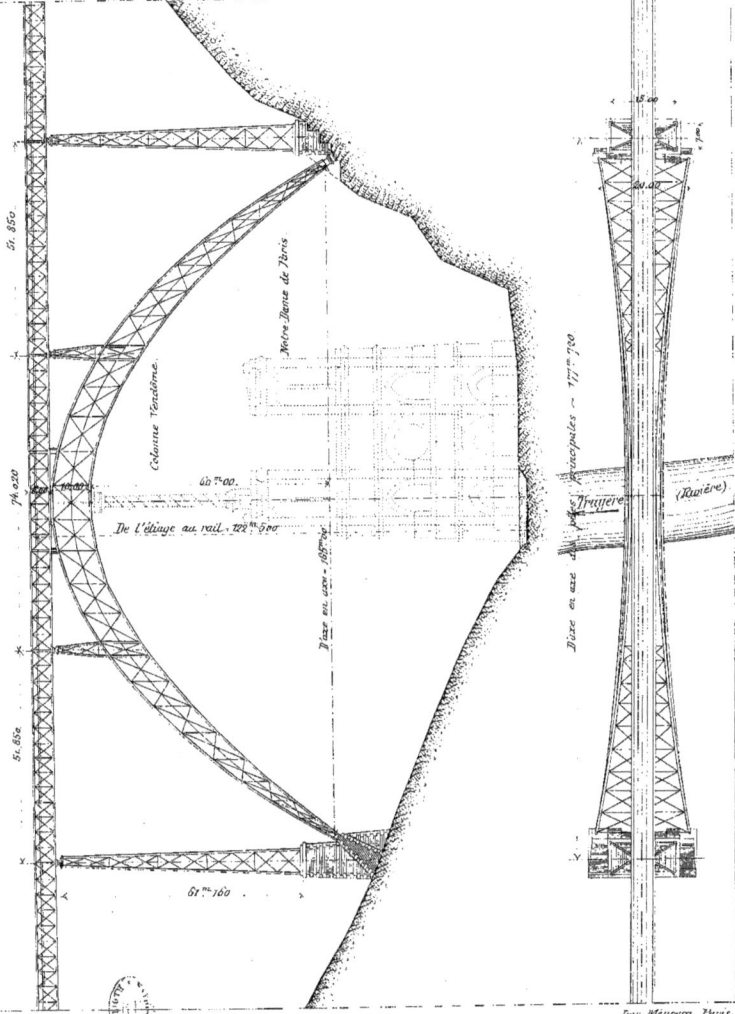

5ᵐ·85ᵒ

74ᵐ·020

5ᵐ·85ᵒ

Colonne Vendôme.

Notre Dame de Paris.

40ᵐ·00.

De l'étiage au rail, 122ᵐ·500

Flèche en axe 165ᵐ·00ᵉ

61ᵐ·760

Distance en axe des culées-piles, 177ᵐ·700

Travée

(Rivière)

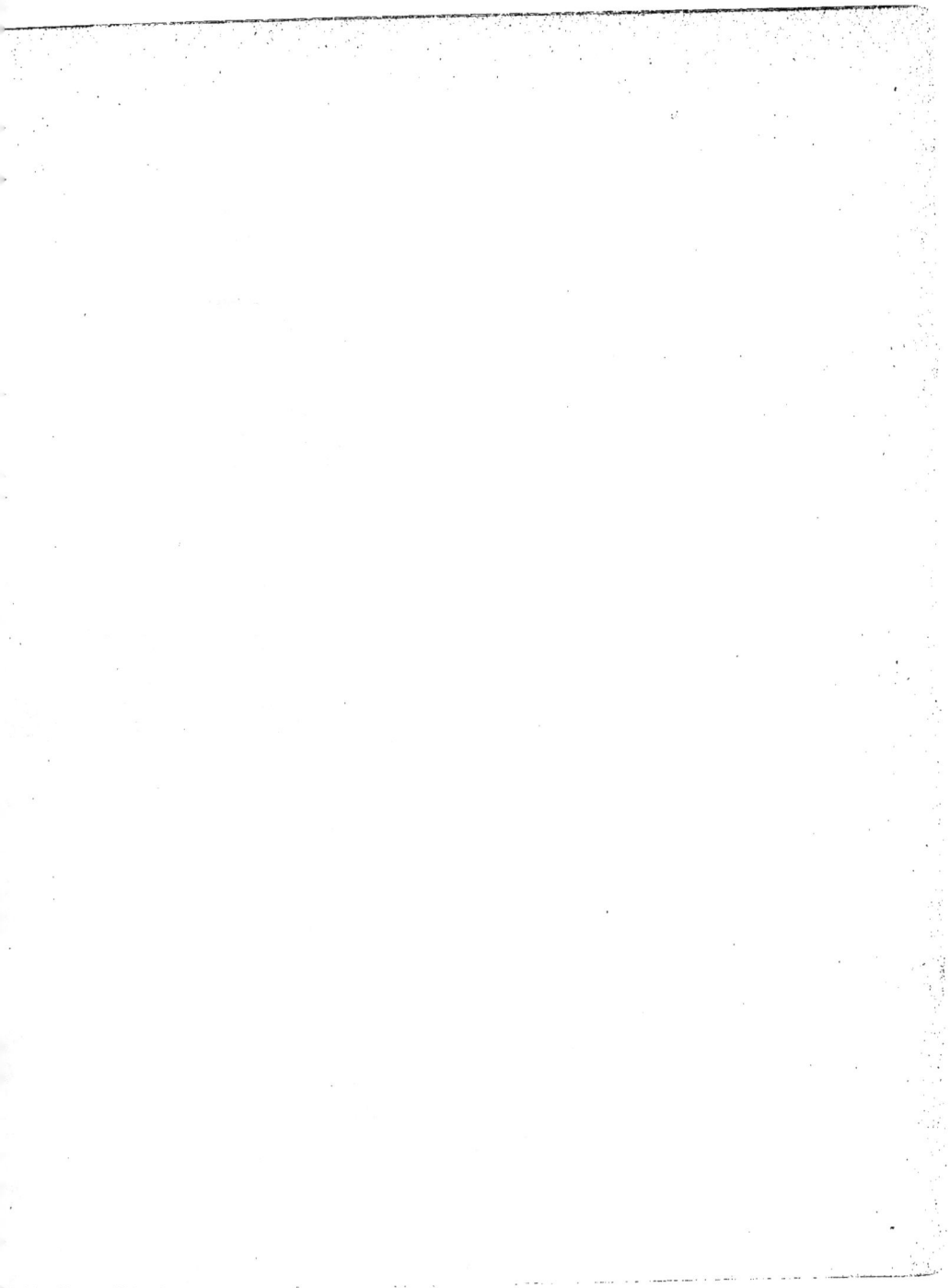

Arc circulaire.

Pl. **XXX**

Ferme de l'annexe   (*Exposition de 1878*)

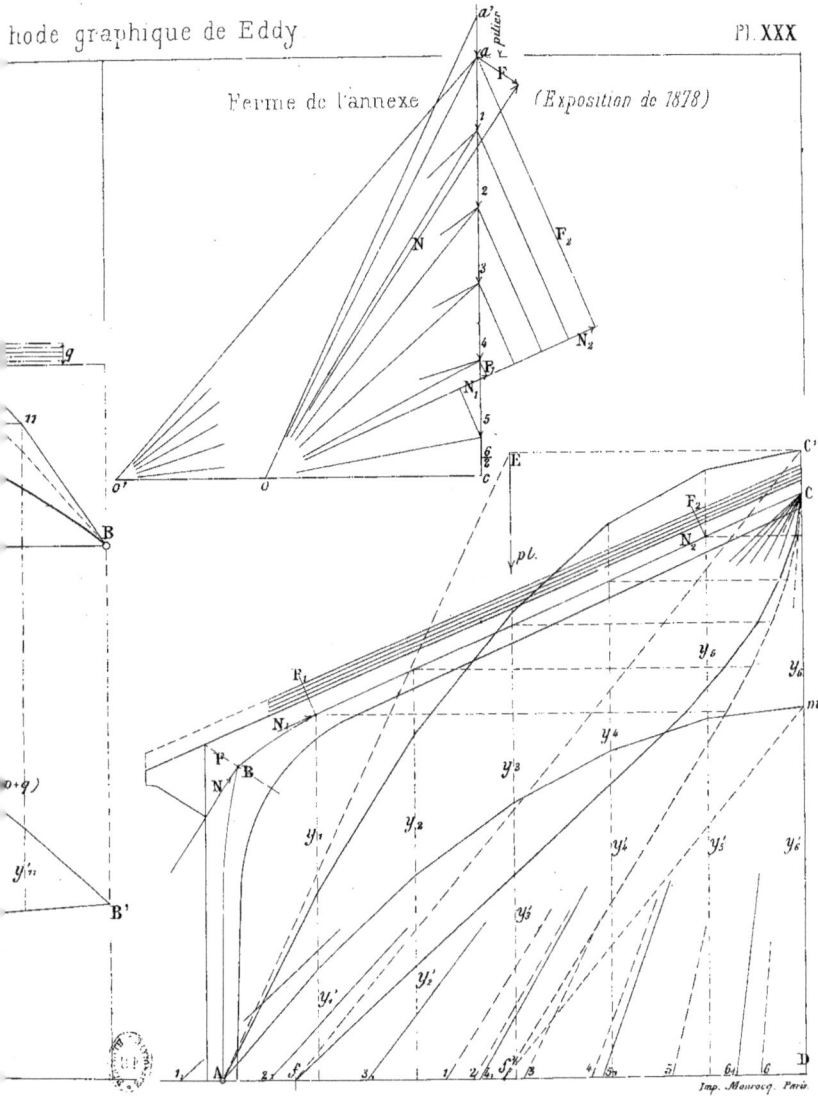

Imp. Monrocq. Paris

Polygonc
des flexions z

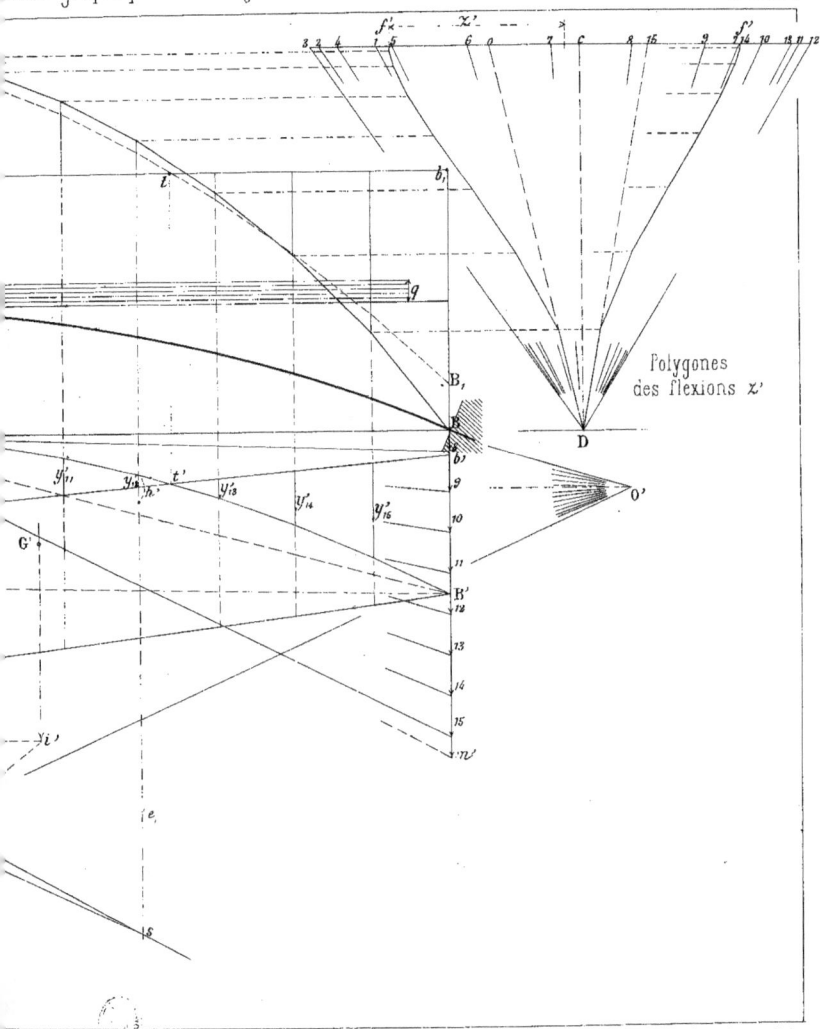

Polygones
des flexions x'

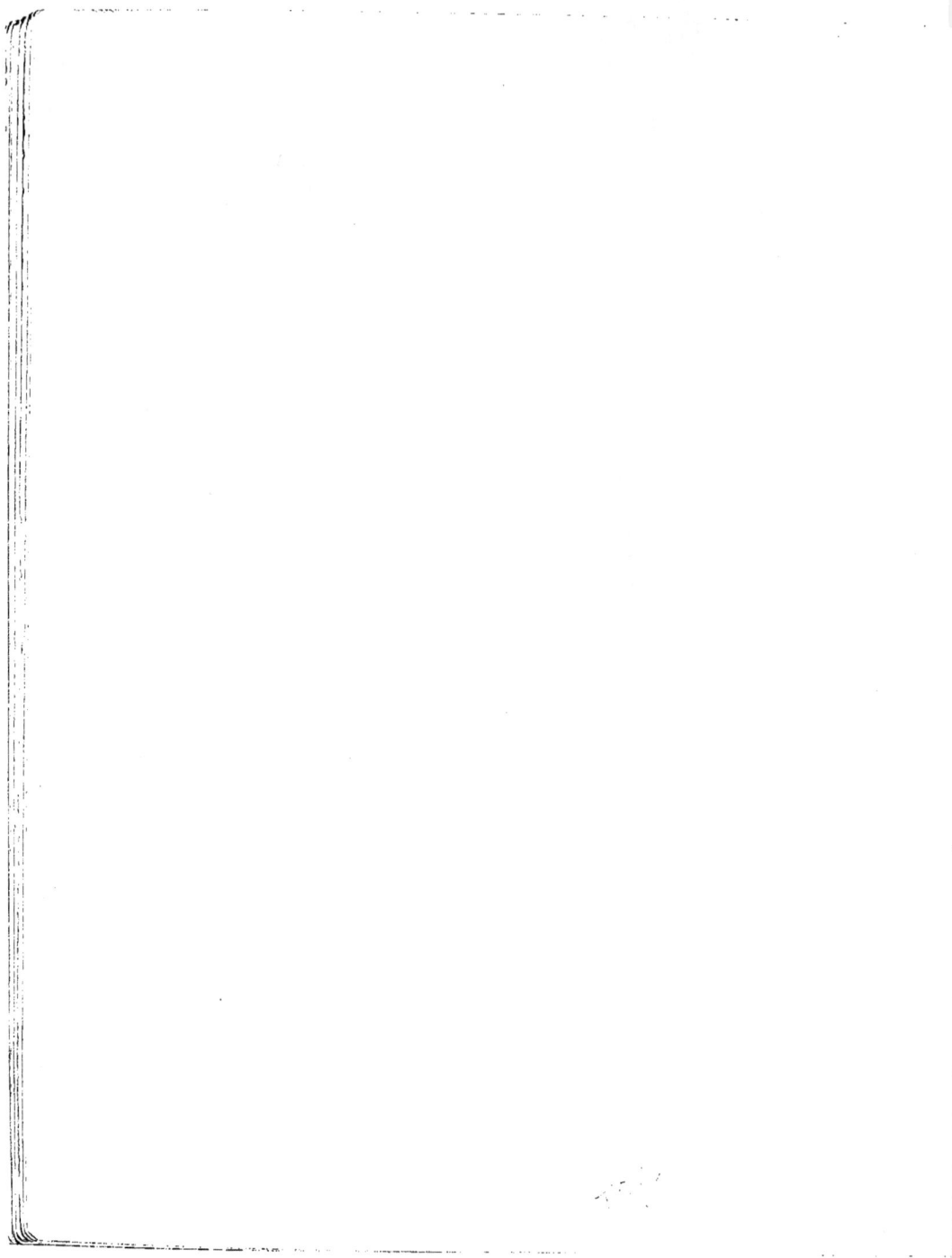

Plan.

Ponts du demi-secteur

A'' a_6 a_5 a_4 a_3 a_2 c_2 a_1

A'

A

e_1 a_2'

E_1

E

C

C'

C

P

N_1 b_1 d_1 d'

Q_1 N_2

N_3 d_2

b_2

N_4 d_3

B b d

c_5 N_5 d_4

b_5

N_6

c_6 d_5

b_6

N_7

b_6 c_6 d_6

N_8

c_7 d_7

b_7

b_8 d_8

$38°$

D

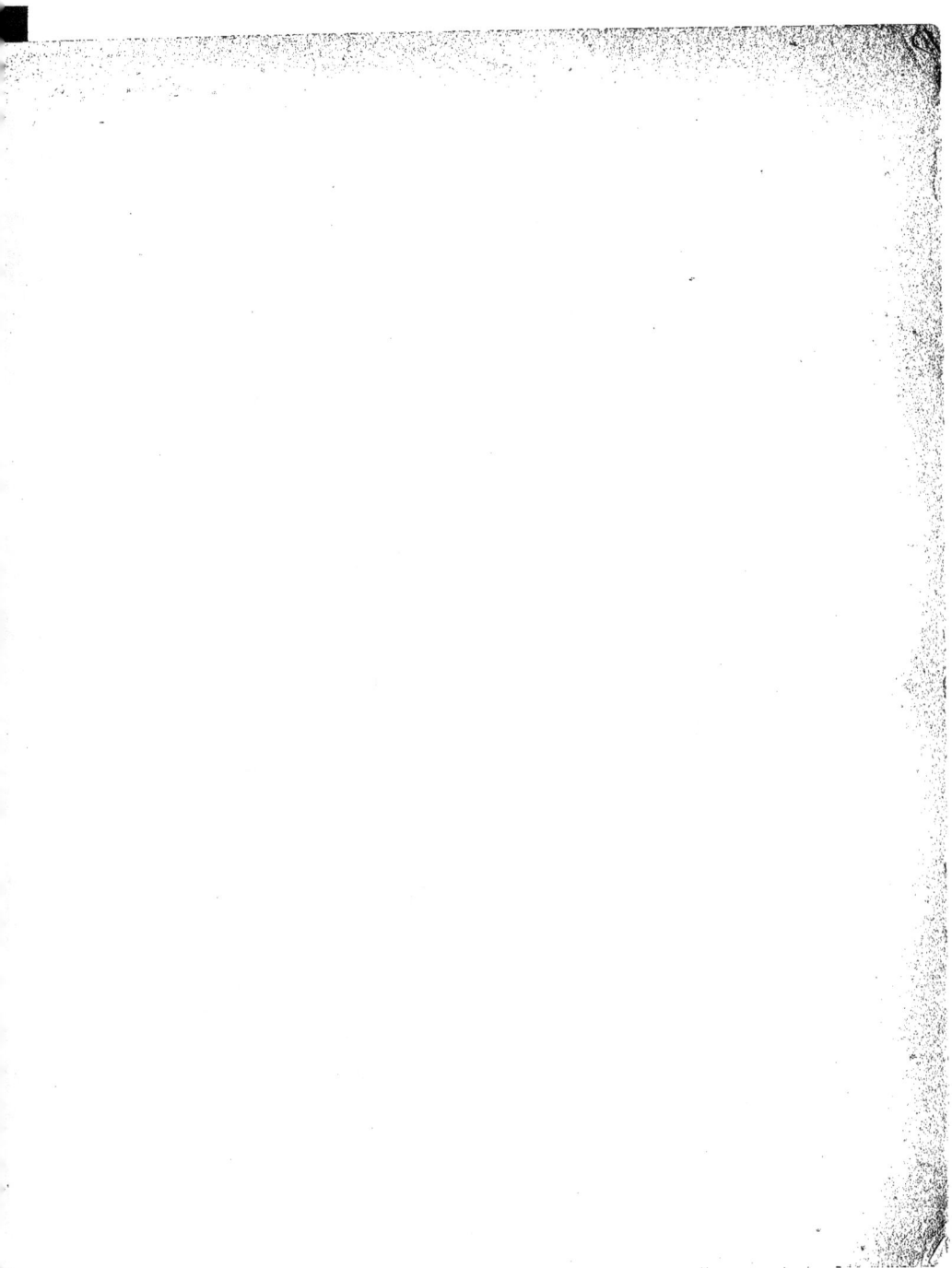

OUVRAGES DU MÊME AUTEUR

LES CONSTRUCTIONS MÉTALLIQUES

Album contenant les ensembles et détails d'exécution des ouvrages les plus récents et inédits, tels que :

FERMES DE CHARPENTE ; HALLES ET MARCHÉS ; MAGASINS ET ENTREPÔTS, EXPOSITIONS DIVERSES ET DE 1889

Avec un texte contenant :

Les conditions d'établissement de ces ouvrages, l'application des méthodes de calcul indiquées dans notre MANUEL

LES POIDS ET LES PRIX

(EN PRÉPARATION POUR PARAITRE EN 1888

LES MACHINES A VAPEUR ACTUELLES

Texte in-4 et Album de 62 planches in-folio

Traité complet de la construction de tous les systèmes de machines

Le calcul de leurs organes, au point de vue de la puissance à développer
et au point de vue de leur résistance

Avec 170 figures intercalées dans le texte et de nombreux tableaux, la plupart inédits, de calculs faits

Prix : 60 francs

SUPPLÉMENT

AUX MACHINES A VAPEUR ACTUELLES

Texte in-4, Album de 16 pl. in-folio, contenant

LES MACHINES MOTRICES LES PLUS RÉCEMMENT CONSTRUITES ET CONSTITUANT LES TYPES ACTUELS ADOPTÉS PAR NOS PRINCIPAUX CONSTRUCTEURS

Prix : 30 francs

Tiré à petit nombre

LE GUIDE

Pour l'essai des Machines et des Générateurs

Ouvrage in-8 avec 150 figures et 10 planches, contenant :

Tout ce qui a rapport aux indicateurs simples, totalisateurs ; les propriétés des vapeurs, l'analyse des diagrammes ; le travail indiqué, la dépense de vapeur ; les essais calorimétriques ; les freins de Prony ordinaires, automatiques ; essais de vaporisation, combustibles, proportions des générateurs ; décrets.

Prix : 15 francs, cartonné

ANGERS. — IMP. A. BURDIN ET Cⁱᵉ, 4, RUE GARNIER.

www.ingramcontent.com/pod-product-compliance
Lightning Source LLC
Chambersburg PA
CBHW071512200326
41519CB00019B/5918